# 우리가 궁금했던 임신출산 Q&A

맘카페에 자주 올라오는 임신출산 질문모음

# 우리가 궁금했던 임신출산 Q&A

발 행 | 2022년 03월 07일

저 자 | 둘라 로지아 (본명 이하연)

펴낸이 | 한건희

펴낸곳 | 주식회사 부크크

출판사등록 | 2014.07.15 (제2014-16호)

주 소 | 서울특별시 금천구 가산디지털1로 119 SK트윈타워 A동 305호

전 화 | 1670-8316

이메일 | info@bookk.co.kr

ISBN | 979-11-372-7619-2

# 우리가 궁금했던 임신출산 Q&A

맘카페에 자주 올라오는 임신출산 질문모음

둘라 로지아(이하연) 지음

# 목 차

# 3부 임신 막달, 출산 준비의 모든 것

# 4부 리얼 출산 꿀팁

# 5부 여전히 궁금한 출산 이야기

## 지은이 둘라 로지아 (이하연)

두 아이를 자연주의 출산으로 낳고, 자연분만과 자연주의 출산을 준비하는 산모들을 돕는 둘라로 활동 중이다. 대한민국에서는 여전히 '둘라'라는 직업이 생소하지만, 산모들의 순산을 도우며 보람과 행복을 느끼는 그녀는 '둘라 로지아' 유튜브 채널을 통해 임산부들에게 임신과 출산에 관한 유용한 정보를 제공하고 있다.

첫째 아이를 자연주의 출산 방식으로 낳은 게 인연이 되어 캐나다 둘라 '리사'에게 둘라 교육을 받고 둘라 일을 시작했고, 자연주의 출산을 원하는 산모들이 순산할 수 있도록 돕다가 자연분만 산모들을 위한 임신막달 코칭을 시작으로 출산 교육과 식단 관리를 하게 되었다.

출산에 대한 두려움 때문인지 국내 제왕절개 비율은 점점 높아져가고 출산율은 점점 떨어지고 있다. 이런 때에 둘라로서 할 수 있는 일은 '산모 입장에서 겪는 출산'이 정확하게 어떤 것인지, 임신 기간에 어떻게 식단관리를 해야 순산 체질을 만들 수 있는지 최대한 알려주는 거라는 생각에서 유튜브를 시작했다.

국내에 있는 산모들 뿐만 아니라 북미, 유럽, 아시아 등 세계 각지에 있는 산모들에게도 산전관리와 출산교육을 통해 더 건강한 임신 생활과 더 편안한 출산을 알리고 교육하는데 힘쓰는 중이다.

둘라 로지아 유튜브 채널 https://youtube.com/c/로지아
로지아출산연구소 홈페이지 https://loggialab.kr
로지아출산연구소 카카오톡 https://loggialab.kr/talk

# 맘 카페에 단골로 올라오는 임신출산 질문들

"임신하고 나서 궁금한 게 너무 많은데 물어볼 데가 없어요. 맘카페에 물어보면 본인들이 경험한 것만 알려주니까 답답하더라구요." 산모들이 제게 질문할 때 가장 먼저 꺼내는 이야기입니다. 임신과 출산에 대한 이야기는 정확한 정보보다 '나의 경우는 이랬습니다.'라는 '카더라' 정보가 많죠.

이 책은 산모들이 제게 자주 묻는 질문, 맘카페에 단골로 올라오는 내용을 모아 제가 꼭 알려드리고 싶은 임신과 출산 관련 정보들을 담았습니다. 임신을 준비 중이거나 임신이 처음인 분들, 임신과 출산이 처음은 아니지만 여전히 궁금한 게 많은 임산부 여러분 모두를 위한 책입니다. 책의 구성은 총 5 부로 나눠져 있습니다. 임신 후 달라진 점, 임신 막달, 출산 꿀팁 등 베이비뉴스 칼럼에 기고했던 글들과 함께 담았습니다.

## "선생님, 저 같은 경우는 자연분만이 어려울까요?"

요즘은 만 35 세 이후 노산 뿐만 아니라 마흔이 넘은 초산모도 많아졌습니다. 뿐만 아니라 임신하는 산모 수는 줄어드는데 임신성 당뇨는 늘어나서 산모 열 명 중 한 명은 임신성 당뇨라고 합니다. 저와 만나는 산모들 중에도 임신성 당뇨에 걸렸거나 그 경계선이라서 혈당 관리가 필요한 분들이 많습니다.

노산이거나 임신성 당뇨가 있으면 아무래도 제왕절개로 출산할 확률이 올라갈 수 있지만 다 그런 것은 아닙니다. 작년에 만난 43 세의 산모는 출산 교육을 받은 후 아주 수월하게 자연분만에 성공했고, 임신성 당뇨 경계에 있던 산모도 식단관리를 꾸준히 받은 후 적정 체중을 유지하며 순산했습니다.

자궁근종이 있던 산모도, 과체중이었던 산모도, 마흔이 훌쩍 넘은 노산모도 임신기간에 관리만 잘하면 얼마든지 원하는 출산방식으로 순산할 수 있습니다. 산모마다 나이와 직업이 다르고, 키와 몸무게와 같은 신체 조건이 다르고. 식습관과 생활 습관, 현재 사는 곳의 출산 문화가 모두 다르겠지만 좀더 건강한 임신 생활을 보낸 후 순산하고 싶은 마음은 다 같은 마음일 거라 생각합니다.

어떤 산모가 묻더군요. 자연분만과 제왕절개 중 어떤 게 더 낫냐고. 모두에게 맞는 더 나은 출산 방식은 없지만 자신에게 맞는 더 나은 출산 방식은 있습니다. 임신 초기에 제왕절개를 하려고 했는데 제 유튜브 채널을 보고 자연분만 쪽으로 마음이 기울었다는 댓글을 본 적이 있습니다. 이런 분들이 좀더 많아지면 좋겠습니다. 어떤 선택을 하든 자신이 겪을 임신과 출산에 대해 공부를 하고, 충분한 정보를 바탕으로 선택하는 것이 가장 좋은 출산일 테니까요.

새 생명의 탄생 순간을 함께 할 출산동반자로 저를 선택해 주신 국내외 엄마들과 유튜브 구독자 여러분에게 깊은 감사와 따뜻한 마음을 전합니다. 지금 임신 중이거나 출산을 앞두고 있는 여러분들이 이 책을 보시고 조금이나마 더 나은 출산 방식을 선택하시는 데 도움이 되고자 합니다. 이 책에 다 담지 못한 내용도, 부족한 부분도 많지만 아무쪼록 여러분의 궁금증과 불안이 해소되길 바랍니다.

임신과 출산이 편안해지는 로지아출산연구소
둘라 로지아 드림

# 1부

## *** 임신 중 이런 게 궁금했어요 ***

임신 중 적정 체중 증가는?

입덧도 부종도 '내 몸에 2% 부족할 때'

임신 20주 배뭉침은 정상일까?

임신 8개월 본래 이렇게 힘든가요?

임신 막달 증상, 나만 이러는 걸까?

조산 증상이 있으면 출산도 빨라요?

임신 후 잠을 너무 못자요.

# 임신 중 적정 체중 증가는?

 자연주의 출산이나 자연분만을 원하는 산모들이 가장 많이 듣는 말은 바로 체중을 적게 늘리라는 말이다. 어떤 병원에서는 산모가 임신 전보다 8~10kg만 늘어야 자연주의 출산이 가능하다고 할 정도다. 임신 전 BMI 지수에 따라 임신 후 증가하는 적정 체중이 달라 순산을 하기 위해서는 체중 관리가 매우 중요하다.

 흔히 자연주의 출산이나 자연분만 산모만 임신 중 체중 관리가 중요하다고 생각하지만 제왕절개의 경우도 예외는 아니다. 과도한 체중 증가는 임신중독증이나 임신성 고혈압에 걸릴 수 있으니 건강한 임신 생활을 보내고 싶다면 적정 체중을 유지하는 게 모든 산모에게 중요하다.

 특히, 임신성 당뇨가 있는 경우는 거대아 출산 위험률이 올라가고, 갑작스러운 체중 증가는 난산으로 이어질 수 있다. 그렇다면 임신 막달까지 어느 정도의 체중 증가가 적당할까? 또, 임신 중 체중 관리를 어떻게 해야 할까? 통상적으로 임신 후에 몸무게는 12~15kg 증가하는 게 일반적인데, 만약 임신 전 저체중인 산모였다면 18kg까지 늘 수 있다. 과체중이거나 비만인 산모라면 임신 막달까지 6~11kg 범위 내로 증가하는 게 적절하다.

간혹 임신 초기 심한 입덧으로 체중이 빠졌다가 '먹덧'으로 체중이 빠르게 증가하는 경우가 있는데, 이는 바람직하지 않다. 갑작스러운 체중 증가로 임신중독증이나 임신성 고혈압이 일어날 확률이 높아지기 때문이다. 또, 한 달 안에 2kg 이상 체중이 증가하지 않도록 신경 써서 관리하는 게 좋다.

임신 기간별 적정 체중 증가 그래프를 보면 권장 체중 증가 범위가 있다. 평균값을 기준으로 하면 임신 초기 3개월까지는 약 2kg, 임신 7개월에는 8kg, 임신 막달까지 12kg이 증가한다. 산모의 체질이나 여러 가지 상황에 따라 체중 변화 추이는 조금씩 달라지기도 하니, 체중 증가표는 참고만 하면 된다.

## 임산부 식단관리는 칼로리보다 '영양 균형'이 핵심

적정 체중을 관리하기 위해서는 식단 관리가 가장 우선 되어야 한다. 임신 초기에는 임신 전과 비교했을 때 칼로리나 단백질 섭취량 변화가 크지 않지만, 중기나 후기로 갈수록 필요한 칼로리와 단백질 수치가 올라간다.

칼로리도 중요하지만 태아가 건강하게 성장하기 위해서는 영양 균형이 더 중요하다. 따라서 임신 전에 먹던 대로 먹기보다, 임신 후에는 좀 더 규칙적으로 먹으면서 끼니를 거르지 않아야 한다. 단백질과 섬유질, 비타민이나 엽산, 철분 등의 영양제도 꼬박꼬박 챙겨먹는 게 중요하다.

산모의 체질량 지수나 당뇨, 쌍둥이 임신 여부에 따라 적정 체중도 달라진다. 무조건 많이 먹기보다 열량과 영양 균형을 고려해서 먹는 게 핵심이다. 임신 전에 채식을 했거나, 간헐적 단식과 같은 다이어트를 한 경우, 아침을 거르는 습관이 있다면 임신 후에는 어떻게 바꿀지 식단을 공부하고 고민해야 한다.

## 저는 입덧 때문에 과일만 먹었어요. 괜찮을까요?

임신 초기 3개월까지는 임신 전과 같은 칼로리로 먹으면 된다. 하지만 이 시기에는 입덧 때문에 잘 못 먹는 경우가 많으니, 조금씩 자주 먹되 영양 밀도가 높은 식품 위주로 챙겨먹어야 한다. 입덧 때문에 과일만 먹는 산모들도 있는데, 소량이라도 단백질과 지방도 함께 섭취하는 게 중요하다.

이 시기 태아는 뇌세포가 폭발적으로 증가할 뿐만 아니라 신경관 세포가 형성되고 DNA가 합성되므로 엽산과 비타민D도 신경 써서 먹어야 한다.

## 임신 중기는 어떻게 먹어야 하나요?

임신 초기에 입덧 때문에 과일만 먹으며 임신 3개월을 보내고 입덧이 사라진 후, 식단 관리를 어떻게 해야할지 난감해 하는 임산부들이 많다. 임신 중기인 4개월에서 7개월은 입덧이 점차 가라앉게 되므로 과식하지 않도록 주의한다. 하루 최소 60g의 단백질을 챙겨 먹으며 칼로리를 너무 높지 않게 먹어야 한다. 철분 섭취와 커지는 자궁으로 인해 변비가 생길 수 있으므로 섬유질이 많은 야채와 해조류 등을 충분히 섭취해야 한다.

임신 중기는 가장 안정기이므로 이때 식습관을 잘 들여야 한다. 임신 중기까지 식단 관리를 잘하고 적정 체중을 유지했던 산모들도 임신 후기에 들어서면서 갑자기 체중이 증가하기도 하니 주의해야 한다.

## 임신 후기 뭘 신경 써야 할까?

임신 후기는 임신 초기에 비해 약 450kcal 정도가 더 필요하지만 밥과 같은 탄수화물이나 당질을 늘리기보다 단백질과 채소 섭취량을 늘려야 한다. 특히 임신 후기에는 식사량이 부족하면 안 먹던 과자가 먹고 싶거나 저녁식사 후에 허기를 느껴서 야식을 먹게 되니 조심하자.

이때 식단 관리를 잘못하면 배가 갑자기 커져서 힘들거나 아기가 평균보다 2주 커졌다는 말을 들을 수도 있으니 당 관리에 신경 써야 한다. 또, 임신 후기는 부종이 심해지는 시기이므로 너무 짜거나 맵지 않게 먹도록 조심하자.

## 식단 관리의 기본은 '꾸준한 기록'

산부인과 진료 시 산모의 체중과 혈압 등을 계속 체크하지만, 그보다 더 중요한 일은 산모 스스로 관리하는 것이다. 매주 1~2회 체중을 체크해서 기록하고, 식단 역시 임신 초기, 중기, 후기에 알맞게 영양 균형을 갖춰 먹는다면, 적정 체중을 유지하면서 산모와 아기 모두 출산일까지 건강하게 지낼 수 있다.

임신 주수별 체중 변화나 식단은 기록하는 양식을 만들어서 수기로 작성할 수도 있고, 스마트폰 어플을 활용해서 기록하고 관리하는 것도 좋은 방법이다.

### <u>이런 것만 주의하세요!</u>

임신 중 적정 체중을 유지하려고 너무 적게 먹거나 다이어트식으로 먹으면 산모의 컨디션은 나빠지고 아기는 주수보다 커질 수 있다. 또, 임신했다고 입에 당기는 음식을 가리지 않고 먹으면 필요 이상의 칼로리를 먹게 돼서 체지방이 쌓이고 임신 막달로 갈수록 부종이 심해지는 등 여러 가지 증상에 시달릴 수 있으니, 임신 초기부터 식단을 신경 써서 관리하는 게 중요하다:

# 입덧도 부종도 '내 몸에 2% 부족할 때'

임신한 여성의 몸은 출산할 때까지 다양한 일을 겪는다. 입덧, 튼살, 부종, 변비가 흔하고, 간혹 방광염, 치핵, 임신성 당뇨 및 고혈압을 앓기도 한다. 이 증상들은 별개인 것 같지만, 실은 공통으로 중요한 변수를 갖고 있다. 바로 '수분'이다. 지금부터 임신부가 겪는 다양한 증상과 수분 섭취의 관계를 조금 더 구체적으로 알아보자.

## 입덧·변비·튼살… 충분한 수분 섭취가 답

산모들이 임신 초기에 주로 경험하는 입덧은 아직 그 원인이 명확하지 않다. 하지만 입덧이 심할 때 체액과 전해질이 부족해질 수 있다는 것은 분명하다. 체액과 전해질은 수분으로 이뤄져 있는데 이것의 부족은 곧 수분 부족을 의미하고, 이때 임산부의 몸에선 탈수 증상이 일어난다.

문제는 탈수 증상이 입덧을 더 심하게 만든다는 것이다. 심한 입덧으로 수분이 부족해지는 바람에 입덧이 더 심해지는 식으로 악순환에 빠진다. 그래서 입덧이 시작되었을 때부터 물을 조금씩 자주 마셔주는 습관이 필요하다. 수분 섭취가 입덧 자체를 막아주지는 못하지만, 적어도 입덧이 심해지는 악순환은 충분히 막아줄 수 있다. 한편, 임산부에게 변비가 생기는 이유를 크게 세 가지로 꼽을 수 있는데, 호르몬, 철분제 복용 부작용, 임신 막달 변화 때문이다.

첫 번째는 프로게스테론 호르몬 분비량의 증가다. 이 호르몬은 임신 직후엔 태아의 착상을 돕고 이후 임신 상태가 안정적으로 유지되도록 자궁 내막을 두텁고 튼튼하게 만들지만 근육 수축을 억제하기도 한다. 따라서 소화기관의 근육 수축도 억제되는데, 이런 이유로 임신하면 변비에 걸리기 쉬운 것이다.

두 번째, 철분제 복용이다. 임신 초기를 벗어나면 빈혈 예방 차원에서 철분제를 먹는데, 이 부작용으로 변비가 올 수 있다.

세 번째, 임신 막달에 접어들면 몇 백배 커진 자궁 때문에 소장과 대장이 밀려 올라가고, 직장이 항상 눌려 있으니 변비의 고통에 시달릴 수밖에 없다. 몸이 무거워져 운동량도 감소하니, 그 또한 변비를 악화할 수 있다.

변비는 임신 기간 내내 임산부를 고달프게 한다. 변비가 심하면 항문 출혈이나 치질, 치핵 등으로 이어지기도 한다. 수분 섭취는 변비를 다소 완화하고, 변비로 인한 치질 및 치핵 등을 예방할 수 있다. 임신 후 짧은 시간에 체중이 빨리 늘면 피부가 팽창하면서 튼살이 생기기 쉽다. 특히 임신 30주 이후엔 자궁이 커지는 만큼 배도 커지므로 뱃살 트는 일이 흔하다. 튼살 크림과 오일을 꼭 챙겨 발라야 하지만, 동시에 수분 섭취 또한 중요하다.

## 임신성 ㅇㅇ은 수분 섭취가 필수!

임신 중반 이후에는 발과 다리 쪽에 체액이 쌓이며 부종이 심해진다. 주로 앉아서 일하는 직군일수록 부종이 심해지는데, 운동량 감소, 과도한 체중 증가, 호르몬 변화 때문에 그럴 수 있다.

이유가 어찌됐든 부종은 임산부 몸에서 '기-승-전-수분부족'이란 판단으로 체액을 붙잡고 있어서 나타나는 현상이다. 그런데 이런 경우 부종 뿐만 아니라 임신성 고혈압도 유발할 수 있다. 임신성 고혈압과 부종을 예방하려면 충분한 수분 섭취는 필수다.

출산은 줄었는데 그에 비해 임신성 당뇨는 늘었다고 할 만큼 임신성 당뇨를 앓는 산모가 많다. 임신성 당뇨는 임신 중반기 인슐린 저항성 증가로 혈당 수치가 높아지는 현상인데, 식이 조절로 당류 섭취를 줄이는 것도 신경 써야 하지만, 수분 섭취 또한 중요하다.

임신하면 방광염에도 잘 걸린다. 임신 중반 이후 자궁에 방광이 눌리면서 방광 안에 소변이 고이게 된다. 감염이 곧잘 일어날 수 있는 환경이 되는 것이다. 그래서 불가피하게 항생제를 쓰는데, 수분을 충분히 섭취하면 항생제 사용도 줄일 수 있다. 소변이 맑게 나올 정도로 충분한 수분을 섭취하면 소변과 함께 세균이 배출되어 방광염 치료를 도울 수 있다.

이상 언급한 것처럼 임신 중 산모가 겪는 온갖 불편한 증상은 수분 섭취 정도에 따라 증상의 경중이 달라질 수 있다. 따라서, 수분 섭취에 신경 써야 하는데 수분 섭취가 물 마시는 것만을 의미하진 않는다. 그럼 어떻게 수분을 섭취할 수 있을까?

임산부에게 가장 권장하는 수분 섭취법은 허브차, 채소류, 미음, 연한 국물 등을 통한 수분 섭취다. 흔히 수분 섭취라고 하면 물 마시기를 생각하는데, 몸에서 받아들이기 쉬운 음식물로 수분을 섭취하는 것이 산모에게도 훨씬 무난하다.

## 수분 섭취를 물 대신 음식으로 대체하는 방법

임신 초기엔 생수를 마시는 일 조차 구역질이 날 수 있다. 이럴 땐 미음이나 연한 국물에 간을 조금 해서 먹는 것이 좋고, 전해질이 포함된 음료를 자주 마시는 것도 방법이다. 루이보스차, 유자차, 감잎차, 민들레차 등을 조금씩 자주 마셔주는 것도 좋은데, 이런 차들은 단순히 수분을 섭취하는 것에 그치지 않고 각종 미네랄과 비타민도 함께 섭취할 수 있어서 여러모로 유용하다.

식단에 채소류를 꼭 챙기는 것도 수분 섭취에 효과적이다. 채소류는 식이섬유도 풍부해 변비를 예방하거나 완화할 수 있다. 채소는 잎채소나 실채소처럼 날씬하게 생긴 것일수록 좋다. 오이, 가지, 애호박, 아스파라거스 같이 길쭉한 채소, 피망이나 파프리카 같은 채소는 실컷 먹어도 안심할 수 있다.

물을 직접 마신다면 한꺼번에 많이 마시지 말고, 틈틈이 조금씩 자주 마실 것. 다만, 조금씩 자주 마시는 일이 생각보다 꽤 어려울 수 있으니 스마트폰 앱의 도움을 받으면 한결 수월해질 것이다. 쓸만한 앱이 많으니 쓰기에 쉽고 편한 앱을 선택하면 된다.

## 수분을 뺏어가는 음식이 있다?

임신 중 수분을 섭취할 때 주의해야 할 점이 있다. 바로 몸에서 수분이 빠져나가는 것이다. 달달한 음료, 음식, 짭짤한 과자나 짠 음식 등은 체내 수분 소비량을 높여 잦은 소변과 탈수 증상을 일으킬 수 있으니 '단짠' 음식은 최소로 먹는 것이 좋다.

우리가 평소 음식을 통해서도 수분을 섭취하고 있으므로 꼭 물을 많이 마시는 것만이 수분 섭취가 아니라는 점을 염두에 둘 필요가 있고, 물도 너무 기계적으로 무리하게 마시기보다 생활에 자연스럽게 녹아 들도록 습관을 들이는 것이 중요하다.

한편 신부전증, 간경화, 갑상선 기능 저하증 등의 질환이 있다면 물을 많이 마시는 행위가 오히려 독이 될 수 있으니 각별히 주의해야 한다. 신부전증과 간경화는 체액 구성 비율이 깨지지 않도록 수분 섭취량을 조절해야 하고, 갑상선 기능 저하증은 과도한 수분 섭취가 혈액 내 염분 농도를 정상 수치 이하로 떨어트리는 저 나트륨 혈증을 유발할 수 있으니 주의해야 한다. 이와 관련해선 병원 진료를 통해 의사의 권고대로 수분 섭취를 하는 것이 가장 바람직하다.

# 임신 20주 배뭉침은 정상일까?

임신 초기부터 출산할 때까지 별다른 문제 없이 무난하게 지내는 산모가 있는가 하면, 임신 초기에는 입덧으로 고생하고, 임신 중기에는 잦은 배뭉침이나 엉덩이 통증(일명 '환도 선다'는 말을 하는데, '환도'는 엉덩이 양쪽에 움푹 들어간 혈 자리를 뜻한다), 소양증 등 갖가지 증상을 다 겪는 산모도 있다. 이 중에서 배뭉침은 임신 주수가 지남에 따라 일어나는 일반적인 현상이지만 임산부들은 배뭉침이 위험하거나 조산으로 이어질까봐 불안해한다.

하지만 배뭉침을 자주 겪는다고 무조건 조산하거나 조산 가능성이 커지는 것은 아니다. 배뭉침은 임신 중기부터 막달까지 점점 커지는 자궁을 보호하기 위한 일이며 산모의 몸이 출산을 준비하는 일종의 '리허설'인 셈이다.

배뭉침을 '브랙스톤 힉스(Braxton-hicks)'라고 부르기도 하는데, 30주가 넘어서면 이전보다 확실히 그 횟수가 더 잦아진다. 일시적으로 아랫배가 단단하게 뭉치고, 그 증상이 약 30초간 이어지는데, 2분은 넘기지 않는다. 출산에 임박한 가진통과 확실히 구분된다. 배뭉침은 뭉쳤다 금방 풀리지만, 가진통은 그 간격이 점점 짧아지며 지속적으로 오기 때문이다.

## 배뭉침은 지금 자궁이 튼튼해지는 중이라는 의미

일반적으로 배뭉침은 임신 중기부터 생기는데, 임신 20주가 지나고서야 자궁이 본격적으로 커지기 때문이다. 자궁이 커질 때 대표적 여성호르몬인 에스트로겐이 분비되는데 이때 프로게스테론이 동시에 분비되고 커진 자궁을 튼튼하게 만든다.

자궁이 커지고 튼튼해 지는 과정을 쉽게 이해하기 위해 자궁을 풍선에 비유해보자. 풍선의 크기가 커질수록 풍선의 표면은 얇아지는데 자궁도 마찬가지다. 따라서 자궁이 커지는 만큼 튼튼하게 유지되어야 한다.

따라서, 임신 중기부터 막달까지 자궁은 계속 '커지고 튼튼해지기'가 반복되면서 에스트로겐과 프로게스테론은 계속 분비되고 그 과정에서 자연스럽게 배뭉침이 일어나는 것이다. 프로게스테론은 배뭉침을 일으킬 뿐만 아니라 유선 발달에도 관여한다. 그러니 이제 배뭉침이 있을 때마다 '지금 자궁이 튼튼해지고 유선도 발달하는 중이구나'라고 생각해 주면 된다.

한편, 배뭉침은 임신 중 누구나 겪을 수 있는 흔한 증상이지만 가진통처럼 산모마다 개인 차이가 있다. 막달에 밤마다 가진통을 겪다가 아침까지 진통이 이어져 출산하는 산모가 있는 반면, 이슬도 가진통 증상도 전혀 없다가 강한 진통이 갑자기 시작되어 출산하는 산모도 있다.

이런 가진통처럼 배뭉침을 가볍게 겪는 산모가 있는가 하면, 임신 중기부터 막달까지 꾸준하게 배뭉침을 겪는 산모도 있다. 또, 초산에는 배뭉침이 별로 없었던 산모도 둘째를 임신해서는 배뭉침 증상을 지속적으로 겪기도 한다.

## 36주 이전 규칙적인 배뭉침은 바로 병원으로

임신 막달 배뭉침은 더 빈번하게 일어나는데, 지극히 자연스러운 현상이다. 이는 우리 몸이 최대로 커진 자궁의 상태를 온전히 유지하고, 유선을 발달시켜 출산 전부터 엄마가 모유 수유를 준비할 수 있게 도와주는 것이기 때문이다.

하지만 이와 달리 임신 중기 배뭉침 또는 평소보다 잦은 배뭉침은 다른 요인을 의심해 볼 수도 있다. 산모가 스트레스를 받거나 피로가 누적 됐을 때, 혹은 앉거나 선 채로 30분 이상 한 자세를 유지했을 때도 배뭉침이 생길 수 있으므로 그럴 때마다 배뭉침이 잘 풀리도록 자세를 수시로 바꾸고 자주 쉬고 이완해야 한다.

또한, 임신 중기나 37주 이전에 강한 배뭉침이 한 시간 넘게 호전되지 않거나 규칙적으로 온다면, 반드시 산부인과에 가야 한다. 만약 규칙적인 배뭉침과 자궁경부의 변화가 동시에 있다면, 병원에서는 조산의 위험이 있기에 산모의 절대 안정을 위해 입원을 권유하기도 한다. 임신 37주 이전 출산은 조산에 해당한다.

## 배뭉침과 가진통은 어떻게 다를까?

초산인 산모라면 배뭉침이 무슨 느낌인지 모르거나, 자궁 수축과 배뭉침을 혼동하기도 한다. 배뭉침은 배가 부분적으로 혹은 전체적으로 돌처럼 딱딱해졌다가 풀리는데 자궁 수축은 배가 조이듯이 아픈 느낌이다. 임신 후기에 접어들면 가진통과 배뭉침이 헷갈리기도 하는데, 배뭉침은 근육이 이완된 상태에서 경직되는 것이라면, 자궁 수축은 자궁 근육이 강하게 수축하면서 진통을 느끼는 것이다.

임신 막달 운동 중 배가 뭉치고 불편할 때 참고 계속해야 하는지 물어보는 산모가 의외로 많은데 이때는 쉬는 게 좋다. 걷거나 계단 오르기를 하다가 배가 뻐근하게 뭉치거나 어딘가 불편하다면 가만히 앉아 심호흡을 크게 해서 몸에 산소를 흘려 보내거나 최대한 편안한 자세로 쉬면 된다. 왼쪽으로 누워서 쉬면 배뭉침이 한결 완화된다.

이제 배뭉침이 올 때마다 내 몸이 출산과 수유를 잘 준비하고 있음을 고마워하며 안심하자. 우리 몸은 임신 기간을 충분히 안정적으로 유지하고 편안한 출산을 하도록 수백만 년 동안 진화해왔으니 말이다.

# 임신 8개월 본래 이렇게 힘든가요?

임신 30주 이후부터 태아는 태어날 때까지 2배 가량 성장한다. 이것은 산모와 아기에게 많은 변화가 일어난다는 것을 의미한다. 우선, 태아의 성장에 맞춰 산모의 자궁도 함께 커진다. 신기하게도 태아가 커지기 전에 자궁이 먼저 커져서 태아에게 충분한 공간을 만들어 준다. 그런데 몸의 입장에서 자궁이 커지면 어떨까? 풍선에 바람을 불어 넣으면 크기는 커지는 대신 풍선의 벽은 얇아진다. 자궁도 이와 같다.

우리 몸은 얇아진 자궁벽이 출산할 때까지 튼튼하게 유지되도록 다양한 작용을 하는데, 그중 하나가 배뭉침이다. 임신 중에는 모체에서 다양한 호르몬이 분비되는데, 배뭉침은 프로게스테론 호르몬 때문에 생긴다. 하지만 산모는 배뭉침이 느껴지면 불안하다. 계류 유산 경험이 있거나, 임신 초기 피 비침이 있었다면 더욱 그럴 것이다. 운동만 하면 배뭉침이 심해져 운동하기 무섭다는 산모들도 있다. 심지어 어떤 산모는 배뭉침이 있을 때마다 병원에 간다고 했다.

하지만 임신중기부터 생기는 배뭉침은 자연스러운 현상이며, 이완으로 배뭉침이 풀리는 걸 알게 되면서 안심하게 된다. 흔히 임신 막달에는 아기가 골반 아래로 내려오면서 태동이 줄어든다고 하지만 출산할 때까지 활발하게 태동하는 아기들이 있듯 배뭉침 역시 산모마다 양상이 다르다. 배뭉침은 약 20주부터 시작해서 출산할 때까지 계속 이어진다.

## 임신 30주 이후, 빨라지는 태아 성장과 모체의 변화

임신 초기에 입덧으로 고생하다가 겨우 괜찮아지나 싶었는데, 다시 입덧을 시작하는 산모도 있다. 임신 30주 이후는 태아의 성장도 빠르고 그에 따라 모체의 변화도 많은 시기다. 이때 엄마의 몸에서는 다양한 호르몬이 나오는데, 임신 초기처럼 어지럼증, 피로, 입덧 등의 증상을 보이기도 한다. 가슴 두근거림을 호소하는 산모도 있는데 대부분 일시적인 증상으로 곧 괜찮아진다.

가슴 두근거림이나 답답함을 느끼는 이유는 혈류가 증가했기 때문이다. 임신 31주가 되면 태아의 골격은 출생할 때 크기로 자라고 이후 체중 증가가 계속된다. 엄마의 심장은 몸 전체에 추가로 요구되는 혈액을 공급하느라 더 많은 일을 해야 한다. 간혹 이 시기에 코피가 자주 나기도 하는데 혈류가 증가하다 보니 모세혈관 같이 작은 혈관이 터져서 그렇다.

임신 8개월에 처음 가진통을 느끼기도 한다. 임신 35주가 되면 모체는 출산을 준비하면서 호르몬 농도가 증가하고 브랙스톤 힉스를 느끼게 된다. 이 진통은 자궁이 출산을 대비해 수축을 연습하면서 생기는 통증이다. 처음 느끼는 갑작스런 가진통에 당황해서 병원에 가봐야 하는지 걱정이 되겠지만 아주 짧게 왔다가 사라진 다면 안심해도 된다.

이 시기 대부분의 산모들이 겪는 증상 중 하나가 치골통 또는 골반통이다. 임신 중 무게 중심이 앞으로 쏠리는 데다가 커진 태아와 자궁, 양수의 무게를 지탱하느라 관절을 둘러싼 근육이나 인대에 무리가 올 수 있다. 치골통과 골반통으로 힘들다면 짐볼에서 골반 돌리기로 살살 마사지를 해주면 좋다. 치골통은 두 발바닥이 마주보는 나비 자세를 취하고 앉아 치골 부위를 손으로 살살 문질러 줘도 된다.

만약 한쪽 허리 또는 골반만 아프다면, 잘 때 왼쪽이나 오른쪽으로만 자는 건 아닌지 확인해보고 양쪽을 번갈아 가며 자도록 한다.

## 임신 8개월 아기 성장의 변화

임신 31~35주는 태아에게 살이 붙기 시작하는 시기다. 그래서일까, 이때 초음파를 보면 아기 머리 둘레나 배 둘레가 평균보다 크거나 몸무게가 1~2주 더 나가는 경우가 있다. 하지만 산모들은 아기가 평균보다 크다는 말에 '내가 자연분만을 할 수 있을까?'라며 불안해한다. 하지만 균형 잡힌 식단을 유지하면서 적절하게 운동한다면 크게 걱정하지 않아도 된다. 아기마다 성장 속도가 달라서 이 시기에 잘 크는 아기들은 도리어 임신 막달에 많이 크지 않는다.

위의 사례와 달리 아기가 평균보다 좀 작아도 크게 걱정할 필요 없다. 평균보다 좀 작거나 크다는 것은 큰 의미가 없다. 아기 몸무게 증가 추이를 살펴보면 꾸준하게 평균보다 작거나 크다가 어느 주수에서는 평균에 속하기도 하니까. 임신 8개월에 작았던 아기들은 임신 막달에 400g이 늘기도 한다.

반면 임신 35주인데 아기가 벌써 2.9kg으로 너무 크거나 혹은 2.1kg으로 너무 작은 경우도 있다. 산모가 당장 식단 관리를 한다고 해서 아기 체중에 갑작스런 변화가 일어나진 않겠지만, 그래도 최소한의 식단 관리는 필요하다. 어떤 음식을 어느 정도의 간격으로 어떻게 챙겨 먹는지 꼼꼼히 따져보고 보완해야 한다. 엄마가 먹는 것 외에도 자는 것, 활동하는 것 모두가 아기의 성장에 직간접적인 영향을 미친다.

## 아기가 너무 크거나 작다면

아기가 너무 작다면 저녁에 과일을 먹고 하루 2끼는 단백질을 잘 챙겨먹어야 한다. 아기를 키우기 위해 전혀 운동하지 않거나 움직이지 않는 산모들도 있는데, 이보다 적절하게 산책하고 운동하면서 혈액순환을 원활하게 해주는 방법을 권한다. 아기가 너무 크다면 하루 삼시 세끼를 규칙적으로 먹으면서 낮에 활동량을 늘리고 밤 12시 전에 잠을 자는 것부터 해보자.

얼마 전 출산한 어떤 산모는 임신 중 별다른 문제 없이 잘 지냈지만, 잘 챙겨먹고 운동을 거의 안 해서 출산할 때 몸무게가 20kg까지 늘었다. 임신 중 15kg 이상 늘었다면 산모의 나이와 상관없이 대사가 느려져 난산이 될 수 있다. 임신 중 적절한 체중 관리를 위해서는 임신 막달이 아닌 임신 초기나 중기부터, 운동은 20주부터 꾸준히 하는 것이 가장 이상적이다.

### 임신했는데, 먹고 싶은 것 다 먹으면 안되나요?

임신 31~35주 사이는 피로감이 몰려오고 여러 가지 증상이 나타나다 보니 운동에 대한 의지가 많이 꺾이는 때다. 또 배뭉침도 잦아서 운동 여부 자체를 고민하는 산모들도 많다. 배뭉침이 잦다면 자주 이완하고 쉬면서 운동하면 된다.

입에 당기는 음식 찾아 먹다 보면 한 달에 2kg도 증가할 수 있으니 조심해야 한다. 하지만 어떤 산모들은 이렇게 말한다.

"임산부도 사람인데 어떻게 음식을 그렇게 제한할 수 있나요? 스트레스 받는 것 보다 그냥 먹는 게 낫대요!"

하지만 먹고 싶은 대로 먹고 임신 후기 늘어난 체중 때문에 우울해 하는 것보다 적절하게 챙겨먹고 산모와 아기의 건강을 챙기는 편이 낫지 않을까? 임신 중 적정 체중 관리는 순산을 위한 선택이 아니라 필수다.

"선생님한테 식단 관리 안받았으면 저도 그냥 먹던 대로 먹고 입맛도 안 바꼈을 거에요. 임신 초기보다 지금이 훨씬 컨디션이 좋아요."

임신 초기부터 출산할 때까지 식단 관리를 받은 꽁이맘이 내게 건네준 말이다. 이 산모는 야채와 버섯, 단백질을 골고루 챙겨 먹으면서 달달한 간식의 횟수를 줄이고, 컨디션도 좋아졌다. 식단을 바꿔보니 이전에 자신이 먹었던 디저트나 간식이 얼마나 강한 단맛을 갖고 있는지 느끼게 됐다고 한다. 꽁이맘은 부종없이 임신막달까지 건강하게 지내다가 순산했다.

임신 중 식단은 양보다 질, 영양의 균형이 중요하다. 식단을 보완하는 가장 최적의 방법은 기록이다. 그날 먹은 음식과 양, 먹은 시간을 쓰고 자신의 컨디션을 체크하면 된다. 탄수화물 위주의 식사를 했는지, 식사 후 과일을 먹진 않았는지, 단백질은 적절히 먹었는지, 야채는 충분했는지 등을 체크해서 균형을 맞춰갈 수 있다.

## 꾸준하게 운동하는 쉽고 간단한 방법은 기록!

운동도 마찬가지다. 하루 운동량을 기록하면 성취감도 느낄 수 있고 동기부여도 된다. 너무 피곤하거나 무리한 날엔 운동을 쉬고, 당을 많이 먹었다면 조금 더 움직이면 된다.

임신 중 운동은 얼마나 하는 것이 적당할까? 임신 기간별 운동의 종류를 결정하고, 운동하는 시간은 차츰 늘려가면 된다. 예를 들어 임신 초기에는 유산소 운동인 걷기를, 임신 중기부터는 걷기와 근력 운동을 병행하는 것이다. 임신 중기라면 '걷기+스쿼트', '걷기+짐볼', '걷기+런지' 이런 식으로 일주일에 3~4회를 하면 된다.

그 다음 운동량을 정해야 한다. 걷기는 20분부터 근력 운동은 5분이나 10회부터 시작해보자. 예를 들어 첫 1주일은 걷기 20분,

스쿼트 10개로 시작한다. 일단 며칠 해보고 체력이 좋아지는 게 느껴지면 스쿼트를 하루 20개로 늘려서 두 번에 나눠서 해본다. 걷기를 늘리고 싶다면 20~25분 걷기를 2번에 나눠서 걸어준다.

임신 막달에는 무엇보다 골반을 유연하게 만들고, 허벅지와 엉덩이 근육을 키우는 게 순산에 도움이 되니까 다양한 스쿼트 자세를 취해보고 운동 강도도 좀더 높여보자. 단, 운동 계획에 자신을 맞추지 말고 자신의 컨디션에 운동을 맞춰야 한다는 걸 잊지 말자.

# 임신 막달 증상, 나만 이러는 걸까?

임신 막달에 가장 흔한 증상 중 하나가 바로 '와이존 통증' 이다. 임신 후기에 들어서면서 생기기 시작하는 치골통은 임신 막달이 되면 와이존 통증으로 이어진다. 임신 후기로 갈수록 배는 앞으로 나오고 더 많은 하중을 감당하다 보니 와이존이 아픈 건 당연하다. 또 임신 30주 이후부터 출산할 때까지 아기가 두 배 이상 커지면서 산모의 무게 중심이 앞으로 쏠리기 때문에 허리 통증을 호소하는 산모가 많다.

임신 후기에 접어든 산모들이 항상 기억해야 할 것은 본인이 임신 중이라는 사실이다. 임신 전처럼 오래 앉아 있는 습관을 그대로 유지한다면 와이존 통증과 요통은 더욱 심해질 수밖에 없다.

## 임신 막달 주의사항, 이것만은 꼭 알아두세요!

먼저, 한 자세로 30분 이상 유지하지 않도록 주의해야 한다. 자주 잊어버린다면 알람을 맞춰놓고 30분에 한 번씩 자세를 바꾸는 게 좋다. 만약 30분간 앉아 있었다면 걷거나 일어서서 골반 돌리기로 경직된 근육을 풀어주는 게 도움이 된다.

두 번째는 간단한 마사지다. 와이존 통증이 느껴지는 부위가 치골과 서혜부(허벅지 안쪽)인 만큼 아픈 부위를 수시로 쓰다듬어 주면 경직된 근육이 풀리면서 통증이 경감된다. 허리는 좀 더 강한 지압이 필요한데 양말에 테니스공 두 개를 넣어 땅콩볼을 만들어 문질러 주거나 남편의 도움을 받으면 좋다. 손을 이용한다면 네 발기기 자세를 한 아내의 천골 부위를 남편이 두 손을 모아 지그시 눌러주면 된다.

이때 처음부터 강하게 누르지 말고, 눌러서 시원한 부위가 어디인지 강도는 적절한지에 대해 남편과 아내가 조율하면 된다. 남편의 지압은 산모가 진진통 중에 강한 허리 통증을 느낄 때도 효과가 있다. 양손을 주먹 쥔 상태에서 누르거나 양손을 겹쳐서 손목 부위 가까운 쪽 손바닥에 힘을 주고 지압하는 방법도 있다.

세 번째로 마사지와 운동을 병행하는 방법이다. 기립근이나 허벅지에 근육이 많아지면 통증이 줄어들기 때문에 마사지 후에 걷거나 계단 오르기, 런지, 스쿼트 등의 운동을 하고 다시 마사지하는 방식으로 반복하면 된다.

임신 막달에 나타나는 증상에 대해 과연 문제가 없는 것인지 불안한 분들이 많다. 그런데 증상에는 다 이유가 있다. 임신 막달 각 증상에 대한 이유를 살펴보자.

## 임신 막달 왜 잠이 쏟아질까?

임신 초기처럼 임신 막달이 되면 잠이 쏟아진다. 임신 초기는 산모의 몸에 새로운 생명이 자라면서 필요한 산소, 혈액 공급, 영양을 줘야 하므로 몸이 피곤해진다. 수정과 착상 과정을 거치면서 산모 몸에서 본격적으로 아기 품을 준비를 하기 위해 몸의 여러 자원을 끌어다 쓰기 때문이다. 산모의 면역체계가 아기를 이물질로 다루지 않게 하려고 면역력을 떨어뜨려 다소 무력해지면서 잠이 쏟아지게 된다.

그에 반해 임신 막달은 아기는 태어나도 될 만큼 제법 커졌기 때문에 아기를 품은 상태를 유지하는 것만으로도 에너지(영양, 산소, 근력, 호르몬 등) 소모가 크다. 또, 임신 초기만큼 다양한 호르몬 변화를 겪는다.

## 가끔 숨이 안 쉬어진다?

임신성 축농증, 임신성 당뇨, 임신성 고혈압 등 임신 후에 생기는 모든 증상은 '임신성'이라는 단어가 붙는다. 당뇨나 고혈압에 비하면 축농증은 가벼운 편에 속하지만 출산할 때 호흡이 중요한 만큼 산모에게는 큰 걱정 거리다.

축농증이 없더라도 숨이 잘 안 쉬어 지거나 숨이 답답함을 호소하는 경우가 많은데, 막달에는 횡격막이 아래로 충분히 내려오지 못해 그렇다. 횡격막 아래로 자궁이 꽉 들어차 있어 어지간히 심호흡을 하지 않으면 호흡이 원활하지 않다. 의식적으로 심호흡을 하며 자주 이완해 주는 수밖에 없다.

비염이 생기거나 감기에 걸리는 경우도 있으니 방안이 건조하지 않게 적절한 습도를 유지하거나 코세척을 해주면 도움이 된다.

## 임신 초기와 비슷한 임신 막달

임신 막달에 관여하는 호르몬이 5가지 정도 된다. 에스트로겐(자궁이 커지게 해주고 유선 발달을 돕는 호르몬), 프로게스테론(커진 자궁을 튼튼하게), 릴렉신, 옥시토신, 프로락틴(수유를 준비하는 호르몬)인데, 이 호르몬들은 계속 엎치락뒤치락 하게 된다.

임신 막달 산모의 컨디션은 아침과 저녁과 밤이 다를 수 있다. 마치 햇빛이 쨍쨍했다가 금새 비바람이 불고 비가 오는 섬 날씨 같다. 몸이 이렇게 불안정한 상태다 보니 임신 초기처럼 입덧이나 몸살기 같은 감기 증상을 느끼기도 한다.

### ▲ 손발이 퉁퉁 붓는다?

누군가 이런 얘기를 했다. 임신하고 나서 발에도 살이 붙을 수 있다는 사실을 알게 됐다고. 체중 증가가 평균 이상이거나 부종이 심한 경우 임신 막달에 코끼리 다리처럼 붓기도 한다.

부종을 줄이고 싶다면 임신 중기부터 꾸준하게 운동하면 도움이 된다. 하지만 낮에 활동량이 별로 없거나 운동을 하지 않으면 순환이 원활하지 않아 온몸 구석구석으로 산소, 영양, 수분 공급이 잘 안 된다.

산소, 영양, 수분 공급은 한 세트로 움직이면서 산소나 영양이 부족한 세포들은 수분을 끌어당긴다. 산소와 영양은 혈액에 의해

공급되고, 혈액의 절반 이상은 수분 이라서, 수분이 필요 이상으로 피부층에 쌓여 부종이 일어나는 것이다.

하지만 산모 몸에 어느 정도 근육이 있다면 근육 세포가 혈액을 많이 보유하고 있고 주변 세포에 산소나 영양을 원활하게 공급하기 때문에 부종을 방지하거나 줄여줄 수 있다.

이미 부종이 있는 산모라도 운동을 하면 근육 세포가 늘어날 때 수분이 소비되기 때문에 부종이 덜해진다. 부종을 줄이는 데는 걷기와 같은 유산소 운동보다 근력 운동이 더 효과적이다.

### ▲ 분비물과 이슬의 차이 알 수 있을까?

막달에는 분비물이 늘어나는데 이슬과 구분하기 쉽지 않다. 분비물에 이슬이 섞이는 경우도 있어 명확하게 구분하기 쉽지 않지만 분비물은 덩어리 형태이고 이슬은 지렁이 젤리 모양이다. 색깔과 점성을 비교하자면 이슬은 노란색, 갈색이 섞인 노란색, 자궁경부가 충혈돼 나오는 피(묻는 정도)로 여타 분비물 보다 점성이 강하다.

이슬은 자궁경부를 막고 있던 점액질이라면, 분비물은 자궁 안이나 질에서 생기기 때문에 출처가 분명하지 않다. 간혹 물 같은 게 나오기도 하는데 병원에서 검사해보면 양수가 아닌 경우도 많다. 이는 질 주변에 있는 바르톨린샘이나 스킨샘에서 나오는 것으로 질 주변에도 눈물샘이나 침샘과 같은 게 있어 나오는 분비물이다.

### ▲ 소변을 자주 보느라 잠을 잘 못 잔다?

막달에 자궁이 커지면서 산모 몸속에 장기들은 밀려나는데 가장 크게 영향을 받는 게 바로 방광이다. 방광은 자궁 바로 앞쪽에 위치해 있기 때문에 자궁이 커진 막달에는 많이 눌린 상태로 지낸다. 소변을 보고 뒤돌아서도 또 다시 화장실에 가야할 것 같다. 임신 막달에는 잦은 소변으로 자다가 몇 번씩 깨는 산모들이 많다.

임신 막달이 되면 잠을 못 자는 이유가 다양해진다. 어느 쪽으로 누워도 편하지 않고 새벽까지 잠이 잘 안 오기도 한다. 이럴 때는 마그네슘을 별도로 챙겨 먹으면 효과가 있다. 마그네슘은 코코아, 견과류, 대두, 전곡류 등 식물성 식품으로 섭취할 수 있고, 기능성 식품(보충제)로 따로 챙겨 먹어도 된다. 건강보조식품으로 마그네슘을 먹을 때, 임산부는 350㎎까지 복용할 수 있다.

그 외에도, 밑 빠짐 증상이나 평소에 안 먹던 달콤한 과자나 초콜릿이 당기고 아랫부분이 콕콕 찌르거나 건초염 등이 생기기도 한다. 출산일에 가까워져 호르몬의 변화로 생기는 증상들이며, 대부분 출산 후 없어지니 너무 걱정하지 말고, 운동하며 균형 있게 챙겨 먹고 출산할 때까지 건강하게 보내도록 하자.

# 조산 증상이 있으면 출산도 빨라요?

　최근 조산이나 유산의 원인이 되는 자궁경부무력증 발병률이 증가하고 있다. 자궁경부무력증이란, 자궁 수축이 진행되면 반응해야 하는 자궁경부가 진통과 같은 특별한 증상도 없이 힘이 빠져 임신이 유지되지 않는 질환이다. 정상적인 자궁경부의 길이는 3~5cm인데, 보통 3cm 미만일 때 의학적으로 조산 위험이 있다고 본다. 자궁경부 길이가 짧은 산모는 조산방지제를 맞고 약을 먹으면서 주수를 채울 때까지 절대 안정을 취하며 지내야 한다.

　이런 조산 증상이 임신 중 한 번 나타나기도 하고 반복적으로 나타나는 경우도 있는데, 병원에 계속 입원해 있던 산모도 통상 36주가 되면 퇴원하고 진통을 기다린다. 혹은 자궁수축 없이 경부 길이만 짧은 상태라면 집에서 안정을 취하며 지내기도 하는데, 이들 역시 막달이 되면 출산이 걱정되긴 마찬가지다. 임신 기간에 운동을 거의 못 했는데 자연분만을 잘 할 수 있을지, 조산기로 마음을 졸였는데 오히려 37주가 넘어도 진통이 오지 않으니 답답하다는 산모들도 있다.

　그럼, 지금부터 조산과 관련해서 산모들의 질문을 알아보도록 하자.

### Q. 경부 길이가 짧은데 만삭으로 출산 가능할까요?

정기적인 산전 진찰과 초음파 검사를 잘 받으면 자궁경부 상태를 파악할 수 있고 이에 따라 의료적인 조치가 가능하니 너무 걱정할 필요는 없다. 특히 자궁수축이 없는 경우 절대 안정을 취하면 37주까지 채울 수 있다.

### Q. 유즙이 나오는데 조산의 징조일까요?

유즙이 나오는 것은 임신 중인 엄마의 몸이 수유를 준비하느라 생기는 자연스러운 현상일 뿐, 유즙이 나오는 것만을 조산 증상으로 보진 않는다. 다만 임신 기간 중 가슴 마사지나 유두 자극은 조심해야 한다. 자궁수축을 유발할 수 있기 때문이다.

### Q. 배뭉침이 많으면 조산기가 있는 건가요?

임신 중기 흔하게 겪는 증상 중 하나가 바로 배뭉침이다. 배뭉침이 심할 때 휴식을 취하면 괜찮아지거나, 배뭉침 간격이 늘어나면 괜찮다. 하지만 1시간에 6번 이상 배뭉침이 계속되거나, 규칙적인 배뭉침이 2시간 이상 이어진다면 반드시 내원해서 진찰을 받는 게 좋다.

### Q. 첫째를 조산했다면 둘째도 조산할 가능성이 큰가요?

한 번 자궁경부무력증을 겪었던 산모가 다시 임신했을 때 재발할 가능성은 30% 정도다. 조심해야 하지만 그렇다고 100% 조산 가능성이 있는 것은 아니니 미리 걱정하지 않아도 된다.

## Q. 36주에 퇴원했다면 언제부터 운동해도 될까요?

36주에 퇴원 했다면 만삭이 되는 37주까지 안정을 취하는 게 좋다. 수축이나 별다른 증상이 없다면 30분 정도 가벼운 산책은 괜찮다. 37주 이후부터는 본격적으로 순산 운동을 시작하면 되는데, 다른 임신 막달 산모처럼 걷기, 스쿼트, 계단 오르기, 짐볼에 앉아 골반 돌리기, 런지 등의 운동을 하면 된다.

## Q. 조산기 때문에 운동을 못 했는데 자연분만 할 수 있을까요?

조산 증상으로 인해 임신 기간 중 운동을 못 했다고 하더라도, 출산을 잘 할 수 있을지 걱정은 하지 않아도 된다. 오히려 조산 증상은 출산에 도움이 되기 때문이다. 또, 난산으로 이어질 확률도 거의 없다. 아무 때나 이유 없이 힘이 풀리던 자궁경부가 갑자기 잘 열리지 않는 쪽으로 바뀌지 않으니까 말이다.

조산 증상이 있는 산모들의 소원은 임신 주수를 꽉 채워서 정상적으로 아기를 낳는 것이다. 그러기 위해 당연히 임신 중 절대 안정을 취하느라 거의 누워서 지냈겠지만, 그건 다 잊어버리고 37주부터 착실히 운동하면서 출산을 준비하면 된다.

우연히 경부 길이가 짧아진 걸 알게 된 어느 산모는 25주부터 만삭이 될 때까지 계속 누워 지내다시피 했다. 산모는 자신의 체력이 안 좋다며, 출산을 잘 할 수 있을지 모르겠다며 걱정이 많았다. 그때 내가 산모에게 제안했던 것은 바로 '명상'이다.

꾸준히 순산 운동을 하고 근육량을 만들어 출산하면 더없이 좋겠지만, 그게 안 되는 상황에서 마음 졸여봐야 아무 것도 좋을 게 없다. 그래서 나는 산모에게 "현재 상황을 받아들이고, 비록 운동은 할 수 없지만, 정서적인 이완을 최대한 해보세요"라고 조언했다. 이후 산모는 출산에 대한 두려운 생각이 들 때마다 명상하면서 지냈고, 두려운 감정을 흘려 보내며 정서적인 안정을 되찾을 수 있었다.

조산기 있는 산모가 출산 코칭을 신청한 적이 있었다. 병원에 입원해 있다가 35주 6일에 퇴원했는데 37주가 되자 내게 연락을 한 것이다. 이 산모는 조산기 때문에 입원했을 때, 똑바로 누워서 태동 검사를 하는 게 제일 힘들었다고 했다. 자궁수축이 오는데 20분동안 태동 검사를 하니까 허리가 너무 아팠다고. 그래서 이왕이면 집에서 조금 더 편하게 진통하다가 병원에 가고 싶다며 도움을 요청하여 출산 코칭을 해 드리기로 했다.

임신 38주 1일에 그 산모에게 연락이 왔다. 전날 진료 봤을 때 자궁경부가 1cm 열린 상태이며 아기도 골반 깊이 내려왔다고 했는데 진통이 본격적으로 시작됐다고 했다. 내게 연락 온 시간은 오후 6시였지만 새벽에도 진통이 있어서 잠을 설치고 아침부터 5분 간격으로 진통이 오다가 점심 무렵 잠잠해져서 오후 5시까지 잤는데 다시 진통이 시작됐다고. 그 전에도 새벽에 간간이 진통이 있었다가 사라지길 반복했지만, 이번엔 진진통으로 이어질 것 같았다. 진통 간격은 3분으로 짧지만, 진통 길이가 30초라고 하길래 집에서 더 지내보라고 했다.

산모는 저녁을 먹고 샤워도 했는데 진통은 잦아들지 않고 오히려 30초에서 1분으로 길어졌으며 좀 전보다 더 아프다고 했다. 조산기가 있었던 산모였고, 그날 어느 정도 진통이 지속 됐기에 진행이 좀 빠른 듯했다. 이제 병원으로 서둘러 가라고 일렀고 산모가 병원에 가서 내진을 받아보니 자궁경부가 5cm나 열려 있어서 적절한 타이밍에 무통주사를 맞고 새벽 1시경에 잘 출산했다.

## 조산 증상을 겪었던 산모가 출산을 준비하는 방법

조산기가 있는 산모는 진통 패턴이 다소 불규칙적일 수 있다. 가진통인데 세게 왔다가 지나가기도 하고, 진통이 잘 오다가 소강 상태로 빠지기도 하지만, 37주 이후면 언제든지 낳아도 되니 안심해도 된다.

진통이 왔을 때 2시간 이상 이어지는지 살펴보고, 진통 간격보다 지속 시간과 강도를 더 비중 있게 보며 병원에 갈 시기를 판단하면 된다. 예를 들어, 진통 간격이 3분이라도 진통 지속 시간이 30초라면 자궁경부가 금방 열리진 않는다. 그러니 진통의 강도가 세지거나 지속 시간이 길어질 때까지 기다린 후에 병원에 가는 것이 낫다.

조산기 때문에 임신 36주까지 운동도 못 하고 활동도 거의 없었는데 갑자기 운동을 많이 하면 몸에 무리가 따른다. 그러니 본인의 체력에 맞게 운동량을 서서히 늘려가면 된다. 산책하듯 30분 걷기부터 시작해서 1시간으로 늘리고, 다시 2시간으로 늘리면 된다. 한 번에 1~2시간 걸을 필요는 없고 30분씩 나눠서 걸으면 된다. 또 얼마나 운동을 많이 하느냐 보다, 얼마나 운동을 제대로 하느냐가 더 중요하다. 따라서, 스쿼트나 런지 등의 운동을 할 때는 근육이 만들어지는 부위에 집중하면서 운동하면 더 효과적이다.

조산기 있는 산모라고 해서 출산 준비가 특별히 다르진 않다. 막달에 접어든 산모라면 출산 방식과 나이에 상관없이 누구나 출산에 대해 두려움과 걱정이 앞서기 마련이다. 조산기로 인해 운동이 부족한 것 같았다면 37주 이후부터 물속에서 걷기나 스쿼트를 해주는 것도 좋은 방법이다. 또, 운동을 못 하는 동안은 심상화를 통해 원하는 출산을 반복적으로 상상해보자. 조산 증상 덕분에 오히려 난산은 피할 수 있으니 출산은 더 수월하게 이뤄질 것이다.

# 임신 후 잠을 너무 못 자요

임신 초기엔 호르몬 변화로 입덧만 생기는 게 아니다. 임신 후 수면 장애나 불면에 시달리는 사람들이 많다. '밤이 되면 배뭉침 때문에 잠을 잘 수가 없다', '언제부턴가 밤낮이 완전히 바뀌어서 아침이 되면 잠이 든다' 등 임신 중 수면 패턴이 바뀌거나 잠을 못 잔다는 임산부들이 많다.

임산부의 잠 못 드는 밤은 원인도 다양하다. 대학원 다닐 때 밤에 논문을 쓰다가 늦게 자는 게 습관이 된 산모, 임신 전부터 식당을 운영하느라 자는 시간이 늘 새벽 2~3시였던 산모, 어쩌다 보니 잠자는 시간이 점점 뒤로 밀리다가 새벽에 잠들게 됐다는 산모까지 저마다 사정이 있다.

불면이나 수면 장애를 겪는 산모들은 산모 스스로 잘못된 수면 습관을 인지하고 바꾸려고 해도 쉽지 않다. 단순히 자고 일어나는 시간만 달라진 게 아니라 그로 인해 식습관을 포함한 생활 전반이 바뀌기 때문이다. 수면 패턴을 바꾸기 위해서는 구체적인 상담이 필요하지만 대부분의 산모들에게 공통적으로 효과가 있었던 몇 가지 방법을 소개하겠다. 이 글을 읽는 임산부가 수면의 어려움을 겪고 있다면 다음 사항들을 한번씩 시도해 보길 바란다.

**첫째, 활동량을 늘린다.** 밤에 잠을 잘 못 자서 아침 늦게까지 자거나 낮잠을 잘 수박에 없으면, 잠을 자야 하는 시간에 각성이 되거나 깨어있어야 하는 시간에 수면을 취하게 되는 악순환을 반복하게 된다. 자고 일어나는 시간을 조정할 수 있다면 가장 좋은데, 가장 빠른 방법은 활동량을 늘리는 것이다. 밤에 잠을 제대로 못 자서 몸에 기운이 없겠지만 낮 시간 동안 걷기 등의 운동으로 활동량을 늘리면 평소에 자던 시간보다 좀더 일찍 졸음이 느껴질 수 있다.

낮에 활동량을 늘려보고 평소보다 조금 일찍 잠이 오거나 푹 자게 된다면 아침에 일어나는 시간을 조금씩 당겨보자. 처음에는 자는 시간만 빨라지고 일어나는 시간이 비슷할지 몰라도, 자는 시간이 점점 빨라지면 수면을 담당하는 생체 시계에 변화가 오기 시작할 것이다.

대부분의 산모들에게 하루에 10분만 일찍 자고 일찍 일어나는 것부터 해보라고 권한다. 10시에 일어나서 11시에 브런치를 먹던 산모가 9시에만 일어날 수 있다면 9시 30분 정도에는 가벼운 아침 식사를 할 수 있다. 하루 두 끼를 챙겨 먹던 산모는 하루 세 끼를 챙겨먹을 수 있다.

**둘째, 수면에 방해가 되는 원인을 하나씩 해결하자.** 얼마 전 내게 상담 받은 산모는 남편이 코를 심하게 골아서 자다가 깰 때가 있다 길래 당분간 따로 자는 걸 고려해보라고 했다. 뭔지 모르게 불편하다면 방안의 온·습도를 조정해보거나 베개를 바꿔 볼 수도 있다. 만약 잠들기 직전까지 스마트폰을 보는 습관이라면, 잠자기 30분 전에는 책을 보거나 명상 음악을 틀어놓고 이완하는 연습을 해보는 것도 도움이 된다. 그 외 방법으로 암막 커튼, 수면 안대, 수면용 귀마개 등이 수면 환경을 만드는 데 도움이 될 수 있다.

**셋째, 이완 또는 명상을 자주 시도한다.** 밤에 잠을 잘 못 자면 식사 후 식곤증이 더욱 심해지거나 낮에도 졸릴 수 있다. 하지만 식후에 바로 누우면 소화도 안 되고 낮잠을 너무 많이 자면 밤에 잠이 안 오는 악순환을 겪기도 한다. 이럴 때 편안한 음악을 틀어놓고 숨을 깊게 들이쉬고 내쉬다가 눈을 감고 고요한 상태에 머무는 연습을 해보자. 명상까지는 아니더라도 이완만 잘해도 깊은 숙면을 취한 듯 몸이 개운해지기도 하니까. 평소에 긴장을 많이 하는 편이거나 스트레스를 잘 받는 사람이라면 자기 전에 족욕을 하거나 숙면을 도와주는 요가 동작을 하는 것도 좋다.

**넷째, 잠자기 전 숙면에 도움을 주는 차를 마셔본다.** 숙면에 도움을 주면서 임산부에게 좋은 차는 대추차, 꿀생강차, 현미차를 꼽을 수 있다. 대추차의 성분은 신경을 안정시키고 불안함을 해소해준다고 한다. 각성 상태에 있는 몸을 수면상태로 편안하게 만들어 주니까 대추차가 어느 정도 효과가 있을 것이다. 잠자기 전 2~3시간 전에 마셔보자. 대추청을 따뜻한 물에 타서 마셔도 되고 대추를 끓여서 마셔도 된다.

꿀생강차는 숙면 뿐만 아니라 임신 초기 입덧 완화에도 도움이 된다. 뿐만 아니라 역류나 소화불량을 완화할 수 있어서 임산부에게 유용한 차다. 일반적으로 생강은 임산부에게 안전하다고 알려져 있지만 위염이나 위궤양 증세가 있다면 섭취에 주의해야 한다. 또, 시중에 파는 꿀생강차는 지나치게 달아서 먹기 힘들 수 있으니, 꿀에 생강가루를 섞은 후 물에 타서 마시는 것을 추천한다.

마지막으로 변비에 좋은 현미차를 마시는 것도 도움이 된다. 보리차처럼 구수한 맛을 느낄 수 있다. 대추차와 꿀생강차는 단맛이 많으므로 현미차와 번갈아 마시면 도움이 될 것이다.

**다섯째, 비타민D와 마그네슘을 먹는다.** 연구 결과에 따르면 임신 중 비타민D가 부족하면 임신 우울증이 증가하고 불면증이 생기기 쉽다고 한다. 햇빛을 통해 비타민D를 합성할 수 있지만, 요즘은 실내 활동이 많아진데다 자외선 차단제를 바르다 보니 대부분의 성인 여성들은 비타민D가 부족 상태라고 한다. 그래서 비타민D 혈중 농도를 알아본 뒤 적정량을 복용하면 된다. 변비에 좋은 마그네슘 역시 숙면을 도와주는 효과가 있으며, 비타민D가 체내에 흡수 될 때 마그네슘을 소비하므로 비타민D와 함께 먹는 게 도움이 된다.

비타민D는 종합비타민에 섞어 먹지 말고 혈중 농도 수치에 맞게 별도로 챙겨먹는 게 좋다. 또 제품을 고를 때 유기농 인증이 됐는지 확인하고, 화학 부형제와 합성 첨가물이 없고, 타블렛으로 된 제품을 고르는 게 좋다. 비타민D는 공복에 먹으면 50%밖에 흡수되지 않는다고 하니 식사를 한 후 챙겨 먹도록 하자.

이런 다양한 방법들을 시도하면서 수면 패턴을 바꾸고자 하는 의지만 있다면 임신 중 수면 장애와 불면을 최소화 할 수 있지 않을까 싶다. 아무쪼록 위의 방법들이 잘 통해서 건강한 임신 생활을 보내시길 바란다

## 2부

## *** 출산할 때 이런 게 궁금했어요 ***

치질 때문에 자연분만이 걱정돼요

내진빨 받으면 출산 빨리할까?

골반이 좋으면 자연분만에 유리할까?

유도분만 성공할 수 있을까요?

가진통이 길면 아기가 위험할까요?

# 치질 때문에 자연분만이 걱정돼요

임신 후기에 치핵으로 고생하는 산모들이 많다. 자연분만은 하고 싶은데, 분만 후 치핵이 더 심해질까봐 수술을 선택해야 할지 고민하기도 한다. 임신 중 치핵이 생기는 일은 매우 흔하고 특히 임신 막달에는 더 빈번한 일이다. 치핵으로 고민하는 임산부를 위해 치핵의 원인과 관리법, 출산의 상관 관계를 알아보자.

## 치핵은 어떻게 생겨날까?

치핵이란 항문 점막 내 혈관이 확장되어 항문 쿠션 조직이 항문 안으로 들어가지 못하고 바깥쪽으로 나오는 걸 말한다. 흔히 '치질'이라고 하지만, 의학용어로 '치핵'이라고 한다. 변을 보고 나서 휴지로 닦았는데 피가 묻어나오고 뭔가 밖으로 튀어나왔다면 이게 바로 '치핵'이다. 항문에 3개의 쿠션 조직이 있는데, 우리가 변을 볼 때 항문에 통증이 전해지지 않도록 쿠션 역할을 하는 동시에, 평상시 항문을 닫아주는 '마개' 역할을 한다.

## 임신하면 왜 치핵이 잘 생길까?

전문가들은 섬유질 부족, 변비, 설사, 임신, 가족력 등과 관련 있다고 주장 한다. 임신 중 치핵이 생기는 원인을 추론 하자면 이렇다.

첫째, 임신 중기나 후기로 갈수록 자궁이 커져 아래쪽 압박이 커진다. 치핵은 정맥층에 피가 몰려서 생기는 일종의 정맥류이기 때문에 임신한 여성에게 흔하게 일어날 수밖에 없다.

둘째, 임신 중 산모의 몸에서 나오는 다양한 호르몬 영향 때문이다. 임신하면 나오는 호르몬 중에 프로게스테론이 있다. 그런데 이 호르몬은 자궁 근육을 튼튼하게 만드는 대신 소화기관 근육들은 이완하게 만든다. 자궁이 커지면서 음식물이 장에서 머무는 시간이 길어지고, 자연스럽게 변비가 생기는데 그게 치핵의 원인이 될 수 있다.

셋째, 임신하면 몸에 수분이 많이 필요해진다. 상대적으로 수분이 부족해진 직장에서 대변이 평소보다 딱딱해진다. 결국, 변비가 생겨 치핵의 원인이 될 수 있다.

## 임산부 치핵을 예방하는 방법은?

치핵을 예방하기 위해선, 변비가 생기지 않도록 하거나 화장실에 오래 앉아있는 습관을 바꾸고 좌욕을 꾸준히 하면 된다. 그럼 임산부는 어떤 노력을 해야 할까?

첫째, 배변할 때 무리하게 힘주거나 스마트폰을 보며 오래 앉아있지 않는다.

둘째, 채소 등 섬유질이 많이 든 음식을 먹으면 배변 활동에 도움이 된다.

셋째, 종합비타민이나 멀티비타민에도 있지만, 마그네슘을 별도로 챙겨 먹으면 도움이 된다.

넷째, 치핵을 예방하기 위해서는 수분 섭취를 늘려야 한다. 임신후에는 이전보다 더 많은 수분이 필요하다. 태아에게 산소 공급을하기 위해 엄마는 더 많은 호흡을 해야 하고, 체온을 조절할 때나장 운동을 활발하게 만들 때도 수분이 필요하다.

## 치핵 완화, 좌욕만 꾸준히 해도 효과가 있을까?

치핵을 완화하는 가장 좋은 방법은 좌욕인데 임신 중에도 좌욕은할 수 있다. 단, 온도는 적당히 따뜻한 정도가 좋다. 임신 중 사우나나 반신욕처럼 탕에 들어가는 행위는 산모의 체온을 높여 양수를 데울 수 있는데, 이런 경우는 태아가 위험해질 수 있다.

따라서 일반적인 족욕이나 목욕과 달리, 좌욕은 뜨겁지 않은 적당히 따뜻한 물로 하되 5~8분 이내에 마쳐야 한다. 쪼그려 앉는자세 대신 변기에 앉는 자세로 하는 것이 좋다.

## "치핵 때문에 자연분만이 고민돼요. 괜찮을까요?"

산모들이 자주 묻는 질문 중 하나다. 자연분만 할 때 힘주기를하므로 치핵이 더 심해진다는 말이 있다. 그러다 보니 치핵이 걱정되는 산모들은 자연분만 대신 제왕절개를 해야하나 고민하게 된다. 하지만 걱정과 달리 출산 후 좌욕만 열심히 해도 대부분 괜찮아진다고 하니 너무 미리 걱정하지 말자.

치핵의 증상은 1~4기까지 단계별로 나뉘는데, 1기는 그냥 피만 비치는 것, 2기는 변을 볼 때 뭔가 나오는 것 같다가 저절로 들어가는 단계, 3기는 변을 볼 때 나왔던 것을 손으로 넣어줘야 들어가는 단계이며, 4기는 손으로 넣어도 들어가지 않는 단계다. 보통 3기 이상이면 수술이 필요한데, 임산부들은 3기가 넘는 경우가 많으나 출산 후도 좌욕을 꾸준히 하면 대부분 괜찮아지니 굳이 출산 전에 수술하지 않는다고 한다. 만약 출산 후 3개월이 지나도 증상이 심하면 그때는 수술을 고려할 수도 있다. 그땐 항문 전문 병원에 가서 상담을 받아보자.

이상 내용을 정리해보면 임신 중 치핵은 흔한 증상이고, 대부분 출산 후에도 좌욕을 계속 하면 괜찮아지니 너무 걱정하지 말 것! 임신 중 치핵으로 힘들 때는 채소나 섬유질이 많은 음식을 섭취하고 수분 섭취도 신경 써주면 된다. 채소나 섬유질이 많은 음식을 챙겨 먹어도 변비로 고생한다면 마그네슘을 별도로 꼭 챙겨 먹자. 그 외 내가 권장하는 방법은 공복에 엑스트라버진 올리브 오일을 한 숟가락씩 먹는 것이다. 올리브 오일은 장을 자극하지 않고 대장 연동 운동을 활성화해서 변을 부드럽게 만들어준다.

임신 중 생긴 치핵으로 자연분만과 제왕절개 사이에서 고민하지 말고 출산 후 좌욕을 열심히 하면 나아질 테니 출산을 위한 체력 관리와 식이 관리에 더욱 신경을 쓰도록 하자.

# 내진빨 받으면 출산 빨리 할까?

임신 막달이 되면 엄마 몸이 너무 무거워져서 하루라도 빨리 출산하고 싶다. 그런데 가진통도 이슬도 없는 무증상이라면 내진빨이라도 받고 싶다는 산모들이 많다. 내진으로 출산을 유도할 수 있을까? 이른바 '내진빨'은 모든 산모에게 통할까?

## 임신 막달 내진과 출산 중 내진 어떻게 다를까?

우선 내진은 크게 임신 막달에 받는 내진과 출산 중에 받는 내진으로 나뉜다. 임신 37주나 38주가 되면 첫 내진을 받게 되는데 이때 자궁 경부가 부드러워졌는지 아기가 골반 아래로 잘 내려왔는지 등을 내진으로 알 수 있다.

만약 출산 예정일이 다 되도록 자연 진통이 전혀 없으면 의료진은 이전과 다른 강도의 내진을 시행하기도 한다. 이는 질과 자궁 경부를 강하게 자극해서 진통이 일어날 수 있게 하기 위함이다.

이렇게 자극을 주는 내진은 이전에 받은 내진보다 아프다. 내진한 다음날 내진혈이 이슬과 함께 섞여서 나오기도 한다. 그럼 출산 중 내진은 어떨까? 출산 중 내진은 산모에게 진통이 왔을 때 시행한다. 진통이 오는 중이기 때문에 산모의 질은 민감한 상태이며 진통 중 내진이 아프다는 쪽과 오히려 시원하다는 쪽으로 반응은 나눠진다.

출산 중 내진의 목적은 자궁경부가 열린 정도와 부드러워진 정도를 확인하기 위함이다. 아기가 얼마나 산도를 내려 왔는지를 파악해서 출산 진행 정도를 가늠하기도 한다. 만약 산모의 진통이 멈췄거나 여러 이유로 촉진해야 한다는 판단이 들면 의료진은 좀 더 강한 내진을 시행하거나 인위적으로 양수를 터트리기도 한다.

"진통 더 잘 오게 자극 좀 줄게요.", "빨리 출산할 수 있게 제가 도와드릴게요."

의료진은 이런 말로 산모에게 예고한 후 내진으로 자극한다. 이때 산모들은 너무 아프다고 호소하는데, 자궁수축을 인위적으로 촉진하는 가장 일반적인 방법이기도 하다.

나는 둘째를 출산할 때, 진통을 촉진하는 내진을 받아봤다. 원래 진통이란 밀려오고 사라지기를 반복하는데, 내진으로 자극을 주니 진통은 사라지지 않고 최대치가 계속 유지됐다. 마치 배 안쪽을 누군가 휘젓는 느낌이었다. 그런 과정이 산모에게는 괴롭고 힘든 일이지만 진통 시간을 줄여주고 빨리 출산을 끝내는 방법이라는 걸 알고 있었기에 참을 수밖에 없었다.

하지만 임신 막달 첫 내진을 받는 산모들은 아플까봐 너무 긴장하거나 걱정할 건 없다. 조금 불편할 뿐이니 안심해도 된다. 출산 진통 중 내진 역시 산모마다 차이가 있다.

진통이 너무 아파서 내진이 아픈지도 몰랐다는 산모가 있는가 하면, 내진 덕분에 출산 진행이 빨랐다는 사람도 있고, 그냥 내진 자체만으로도 너무 아팠다는 산모도 있다. 그러니 미리 걱정하지 말고 남은 기간 이완 연습을 수시로 하는 게 나중에 내진 받을 때에도 도움이 된다.

## 자연진통 기다린다면 내진보다 '부부관계' 추천

"내진빨 이라도 받고 싶은데, 의사 선생님이 내진을 안 해주세요." 이런 글이 종종 맘카페에 올라온다. 그렇다, 임신 막달이라고 무조건 다 내진하는 게 아니다. 산모에게 진통이 없고, 출산 예정일 이전이라면 굳이 내진을 안 하기도 한다. 내진 여부 판단은 의료진마다 다르다. 특히 자연주의 출산이라면 출산 전 내진은 안하는 쪽이 많다.

특히 첫째 아이 출산 시 진행이 빨랐던 경험이 있는 경산모 이거나, 조산기 있는 산모는 내진으로 자극하지 않는다. 출산 전 내진은 자궁 수축을 부르는 '트리거' 역할을 하기 때문이다. 한편 유럽이나 캐나다, 호주의 출산 환경은 한국과 사뭇 다르다. 자연주의 출산에 가깝다 보니 임신 막달이라고 해도 병원에서 초음파를 매번 보지도 않고, 내진도 안 한다. 진통이 온 후 불가피하다고 판단 될 때만 내진을 한다.

그렇다면 내진 받은 후 출산은 언제 할까? 진통은 언제쯤 올까?

내진 받았다고 무조건 진통이 온다는 보장은 없다. 다만 내진은 자궁경부에 자극을 주기 때문에 자궁 수축에 도움을 줄 수도 있다. 진통을 촉진하려는 목적으로 강하게 내진했다면 비교적 빨리 진통이 오기도 한다.

나는 자연진통을 기다리는 임신 막달 산모에게 부부관계를 적극적으로 해보라고 권한다. 이른바 '내진빨'이란 자궁경부에 자극을 주며 자궁 수축을 일으키는 것이니, 부부관계는 더없이 좋은 출산 촉진의 역할을 한다. 또, 부부관계는 내진과 달리 산모가 충분히 이완한 상태에 이를 수 있으니 호르몬 분비도 활발해진다는 장점이 있다.

캐나다에 사는 어느 산모는 출산 예정일까지 가진통 조차 없었고, 이슬도 비치지 않았다. 그의 주치의는 유도분만 날짜를 알려주며 그 전에 부부관계를 적극적으로 해보라고 했단다. 그 권유를 잘 따랐던 산모는 임신 40주 3일 만에 진통을 느꼈고 유도분만이 아닌 자연분만으로 아이를 낳았다.

## 내진빨이 복불복인 이유

임신 막달 내진을 받고 나면 내진혈이 나올 수 있다. 내진혈이 무조건 나오는 건 아니다. 내진혈이 나오는 것은 코피와 흡사한 이유다. 태아에게 보내는 혈류의 양이 증가하면서 혈관이 확장하면, 내진 과정에서 충혈된 모세혈관이 터져 피가 나오는 것을 내진혈 이라고 한다. 내진혈은 일시적으로 나올 뿐 진통이 오는 것과 별개다.

37주 5일에 내진하고 자궁문이 1cm 열려있던 산모는 병원에서 자연진통을 기다려 보자는 말을 들었다. 내진도 했고 자궁문이 1cm 열려있다는 말을 들어서 출산이 앞당겨질 거라고 생각했지만 1주일이 넘도록 아무런 증상이 없었다.

초산모에게는 자궁문이 꽉 닫혀 있다는 말보다 1cm정도 열려있다는 말이 큰 위로가 된다. 그리고 빨리 아이를 낳을지도 모른다는 기대를 불러올 수 있다. 하지만 아기는 때가 와야 태어나고, 산모의 몸이 준비가 돼야 출산이 시작된다. 산모들의 기대와 달리 임신 막달 내진빨은 그야말로 '복불복'이다.

## 내진 덜 아프게 받는 요령이 있다?

내진 받을 때 산모가 가장 많이 듣는 말은 바로 "힘 푸세요"이다. 똑바로 누운 상태에서 다리를 거치대에 올린 자세로 내진을 받는데, 이때 하체의 힘을 풀어야 한다. 엉덩이는 바닥에 툭 떨구고, 다리를 오므려 힘을 주지 않아야 한다.

하지만 자궁 근육이 수축하는 진통 중 산모 스스로 그걸 의식하기 쉽지 않다. 다만 출산 진행이 원활 하다면, 내진을 강하게 할 일도 없으니, 내진 받을 때 힘만 잘 풀면 된다. 이완 연습은 임신 중 수시로 하는 수밖에 없다. 골반 뿐만 아니라 미간, 턱, 어깨 등의 근육을 차례차례 이완하면서 힘을 풀어주는 연습을 반복하면 출산할 때 한결 수월하게 진통을 잘 보낼 수 있다.

임신 주수를 채우면 아기가 더 커질까봐 걱정이어서, 몸이 점점 무거워져 빨리 낳고 싶은 마음이라면, 우선 진통이 잘 올 수 있게 해야 하고, 진통을 잘 견딜 수 있는 방법들부터 연습해야 한다.

내진 뿐만 아니라 임신 막달 가슴 마사지, 부부관계, 매운 음식 먹기 등은 진통을 촉진한다. 산모의 엉덩이와 허벅지 근육을 강화하는 스쿼트, 골반 저근 강화에 좋은 케겔 운동은 출산을 수월하게 해줄 것이다. 막연하게 진통을 기다리는 것보다 뭐라도 하는 게 신체적으로나 정서적으로 출산에 훨씬 더 도움이 되는 걸 기억하자.

# 골반이 좋으면 자연분만에 유리할까?

출산에 있어서 가장 중요한 신체 부위는 골반이다. 일반적으로 산모의 키가 크면 골반이 좋다고 하고, 키가 작으면 출산에 불리하다고 보는 경향이 있다. 골반이 좋은 편이 출산에 유리하겠지만, 골반의 좋고 나쁨이 자연분만의 성공과 실패를 보장하지는 않는다. 하지만 초산모들은 경산처럼 참고할만한 출산 경험이 없어서, 의료진으로부터 골반이 좁다는 이야기를 들으면 자연분만을 못하는 건 아닌가라는 싶은 생각이 든다.

하지만 출산에서 골반이 미치는 영향은 백 가지 중에 한 가지, 수치상으로 따지자면 1% 정도 되지 않을까? 산모의 나이, 근육량, 산모가 갖고 있는 출산에 대한 생각, 골반 유형, 임신 전/후 몸무게 차이, 아기 몸무게, 유도분만 여부, 조기양수파수 등 출산에 영향을 주는 변수는 생각보다 다양하다.

출산은 골반 외에도 다양한 변수가 작용하기 때문에 골반의 형태나 크기만 놓고 자연분만 성공 여부를 따지기에는 다소 무리가 있지 않나 싶다. 또, 신체적으로 타고난 골반의 형태도 중요하겠지만, 더 중요한 것은 바로 골반의 유연성과 균형이다. 어느 산모가 병원 진료를 본 뒤 내게 연락을 했다. 의사선생님 말씀에 따르면 골반이 닫혀 있어서 자연분만이 힘들 수 있으니 수술하는 게 어떻겠냐고 말씀하셨다는 것이다. 산모는 나에게 상담 받은 후 자연진통을 기다리기로 했고 다행히 자연분만에 성공했다.

병원에서는 '그럴 수도 있다'는 가능성에 대해 알려줬겠지만, 출산을 앞둔 산모 입장에서는 '그럴 수 밖에 없다'로 오인할 수 있다. 위 산모처럼 임신 막달 골반 근육이 경직되어 있다면 골반 주변 근육을 최대한 유연하게 풀어주면 된다. 그럼, 지금부터 간단하고 쉬운 골반 이완 운동을 배워보자.

## '짐볼'과 '스쿼트'로 닫힌 골반 열어주세요!

닫힌 골반을 열어주는 운동은 매우 간단하다. '짐볼'과 '스쿼트' 이렇게 두 가지만 해도 된다. 짐볼은 골반 이완 뿐만 아니라 자세를 바로 잡아주는 효과까지 볼 수 있다. 짐볼 운동은 매우 간단하다. 충분히 바람을 넣은 짐볼에 다리를 최대한 벌리고 앉아서 편안한 자세를 취한다. 양손은 무릎 위에 살짝 얹고 바닥에 원을 그린다는 생각으로 골반을 바닥 면에 동그랗게 그려준다. 이 동작을 할 때 회음부 주변 근육이 부드러워지고 골반이 자연스럽게 벌어지는 상상을 하면 좋다. 모든 운동이 그렇듯 자극 받는 신체부위에 최대한 주의를 기울이면서 하는 게 중요하다.

또 다른 짐볼 운동으로 다리를 최대한 벌리고, 무릎 위에 양손을 짚은 다음 골반을 앞뒤로 밀어주는 동작이다. 골반을 앞으로 밀 때 거의 눕는다는 생각으로, 골반을 뒤로 빼줄 때는 엉덩이만 뒤로 보내서 허리를 잘록하게 만들어주면 된다. 골반을 너무 과하게 앞으로 보내거나 엉덩이를 심하게 뒤로 빼지 않도록 주의한다. 적당한 포인트를 찾으면 된다.

짐볼 운동 못지 않게 스쿼트 역시 훌륭한 운동이다. 스쿼트는 임신 막달에 가장 필요한 자세이며 추천하는 근력 운동이다. 여러 가지 방법으로 할 수 있는데 의자 등받이를 이용, 벽에 기대기, 요가 스트랩 또는 TRX(근력 운동 기구)를 문에 고정해서 줄을 잡고 하는 방법 등이 있다. 의자 등받이를 붙잡고 스쿼트 자세를 취할 때는 완전히 쪼그려 앉았다가 일어나는 동작을 취하거나 하프 스쿼트, 기본 스쿼트 등 원하는 동작을 모두 시도할 수 있다.

무릎이 아픈 경우라면 요가 스트랩이나 TRX를 이용해서 무릎에 전혀 힘이 안 들어 가도록 하면 된다. 내가 가장 추천하는 방법은 벽에 기대서 하는 스쿼트다. 일단 벽에 상체를 완전히 밀착한다는 생각으로 자세를 바로 잡는 것부터 한다. 뒤통수와 등까지 벽에 완전히 붙인 채 선 다음, 상체를 벽에서 떨어트리지 않고 서서히 아래로 내려가면 된다. 이 스쿼트는 일정한 속도로 내려갔다 올라오기를 반복하기보다 내려간 상태에서 버티기를 하는 게 특징이다.

또 다른 방법으로 와이드 스쿼트가 있다. 배가 많이 커졌으니 와이드 스쿼트 자세가 균형을 잡기 좀 더 쉬울 것이다. 이때 발 끝은 좌우 바깥쪽으로, 상체를 아래로 내릴 때 무릎 역시 발 끝과 같은 방향으로 향하게 하면 된다. 골반 이완과 동시에 허벅지 힘을 튼튼하게 만들어줘서 순산에 여러가지로 도움이 되는 운동이다.

산모가 선천적인 골반 기형이 아니라면, 적절한 운동을 통해 골반의 유연성을 키워서 충분히 자연분만을 시도해 볼만 하다. (단, 의료적인 이유로 반드시 제왕절개 해야 하는 경우가 아닐 때) 또, 출산 후에는 골반을 닫아주는 운동을 꾸준히 해서 본래대로 돌아갈 수 있게 해주면 좋다.

대부분의 산모들은 임산부가 운동을 했을 때 어떤 점이 좋은지 구체적인 정보나 확신이 없다 보니 임신 막달까지 아무런 운동을 하지 않고 지내는 경우도 꽤 있다. 출산은 준비하는 만큼 편해진다. 막연하게 언제 올지 모르는 진통을 기다리며 초조해하는 임신 막달이 아니었으면 한다.

이 글을 읽는 산모들은 임신 안정기인 중기부터 꾸준하게 운동하고, 임신 후기에는 위에서 추천한 운동을 더 적극적으로 해서, 더 편안하고 안전하게 출산하는 행복을 누리길 바란다.

# 유도분만 성공할 수 있을까요?

출산 예정일에 임박한 산모들이 가장 고민하는 것 중 하나가 유도분만이다. 예정일보다 이른 유도분만은 괜찮은지, 첫째를 유도해서 출산하고 둘째도 그렇게 하면 되는지, 자궁수축이 전혀 없거나 이슬이 없는 상태에서 시도하는 유도분만이 성공할 확률, 유도분만과 제왕절개 중 어느 것을 선택 해야할지 등 유도분만 이슈는 끝이 없다.

하지만 누구 하나 이렇다 할 답을 못 준다. 유도분만 성공할 확률은 산모마다 다르기 때문이다. 통계적인 수치가 있다고 하지만 임신 주수나 산모의 조건이 다 다르기 때문에 큰 의미가 없다. 보통 초산의 유도분만은 이틀이 걸린다고 하지만 어떤 산모는 하루만에 성공하기도 하고, 또 어떤 산모는 유도분만에 실패하고 제왕절개를 하기도 한다.

## 유도분만은 언제 하는 것이 좋을까?

영국에서는 의료상의 문제가 없는 한 임신 42주가 됐을 때 유도분만을 결정하지만, 우리나라는 출산 예정일 이전에 유도분만을 권유 받는 경우가 많다. 그러다 보니 유도분만 성공 확률도 낮다.

아기가 내려와 있는지 자궁경부가 얼마나 부드러운지 얼마나 열려 있는지에 따라 유도분만 성공률은 달라진다. 유도분만을 결심한 산모들은 되도록 유도분만에 성공해서 자연분만을 하고 싶어한다.

## 유도분만을 성공하려면 어떻게 해야할까?

유도분만에 성공하기 위해서는 자연진통을 기다리는 게 제일 좋다. 자연진통 없이 인위적으로 자궁수축을 일으키는 것은 산모와 아기에게 스트레스를 준다.

하지만 아기가 더 커지면 자연분만이 힘들어질 것이라는 생각, 출산을 앞당기고 싶은 마음, 산모가 원하는 경우 등 자연진통이 오기 전에 출산해야 하는 갖가지 이유로 유도분만을 잡았다면 다음의 다섯 가지를 해보자. 여기서 소개하는 다섯 가지 방법은 임신 37주 이후부터 하면 되는데, 자연진통을 촉진하거나 유도분만에 성공할 확률을 높인다.

▲ **매운 음식 먹기**: 매운 음식을 하루에 한 끼 정도 챙겨 먹으면 유도분만의 성공에 도움이 된다. 매운 음식에 든 캡사이신이 자궁 근육을 자극하기 때문이다. 임신성 당뇨가 있는 산모라면 탄수화물이 많은 떡볶이보다 지방과 단백질이 풍부한 매운 닭갈비, 매운 갈비 등이 좋다.

▲ **부부관계 하기**: 만삭이라 조심스러울 수 있지만, 임신 후기 부부관계는 자연진통을 오게 하는 데 도움이 된다. 전희 과정은 산모의 몸을 이완하게 만든다. 부부관계를 할 때 산모의 몸에서는

옥시토신(유도분만을 할 때 쓰는 촉진제의 성분이 바로 인공 옥시토신이다)과 같은 다양한 호르몬이 분비되는데 이는 출산에 도움이 된다. 질내 사정을 해도 괜찮다.

▲ **유두 마사지**: 유두를 마사지하면 자궁이 수축할 수 있다. 출산 전에 가슴 마사지를 조심해야 하는 이유가 바로 자궁 수축으로 인한 조산의 위험이 있기 때문인데, 37주 이후에는 오히려 유두마사지를 적극적으로 하는 것이 좋다.

▲ **충분한 이완과 호흡**: 출산은 다양한 호르몬이 복합적으로 작용해 진행된다. 그러나 그 어떤 호르몬도 스트레스 호르몬을 이기기 어렵다. 즉, 산모가 너무 긴장하면 유도분만이 잘 될 리 없고, 자궁경부 역시 잘 열리지 않으므로 충분히 이완하고 호흡하는 것이 중요하다. 특히 유도분만 하러 병원에 갔다면 최대한 잘 자고 쉬는 것이 중요하다. 그래야 이완이 잘 된다.

▲ **심상화**: 유도분만은 인공 옥시토신으로 자궁 근육의 수축을 일으키는 의료 행위로, 산모가 이런 일련의 과정들을 심상화한다면 더욱 효과적일 수 있다. 로지아출산연구소 온라인샵에 산모들의 심상화를 돕기 위해 만들어둔 음원이 있다. 실제 사용해 본 산모들이 상당한 도움을 받았다고 한다. 이 음원은 반복해서 들을수록 효과적인데, 적은 양의 촉진제로도 자궁경부가 부드러워지고 활짝 열리는 상상을 지속하게 한다. 또, 아기가 산도를 타고 잘 내려와 회음부 사이로 아기 머리가 보이고 태어나는 출산의 전반적인 과정을 반복적으로 상상하도록 도와준다. 심상화를 잘 할수

록 몸은 그에 반응하고, 결국 유도분만에 성공할 확률도 높아진다.

유도분만을 고민하고 있다면 다음의 세 가지를 고려하자.

**▲ 유도분만은 시기가 중요하다**: 만약 임신 38주에 유도분만을 권유 받았다면 유도분만 시기를 늦추는 게 좋다. 태아는 임신 주수를 충분히 채우고 태어나는 게 좋고, 엄마의 몸도 출산을 더 준비 할 수 있기 때문이다. 또, 유도분만 시기를 늦추는 사이 자연진통이 생길 수도 있고 그렇게 되면 유도분만 성공 확률은 더 높아지니까.

출산 예정일 이전에 유도분만 권유 받았던 산모가 임신 막달에 전원을 하고 자연진통으로 출산한 경우도 봤다. 산모 본인이 유도분만을 원하지 않는다면 뱃속에서 아기를 더 품고 있다가 출산하는 게 그래도 가장 좋은 일이 아닐까 싶다.

**▲ 아기가 주수보다 클 때 꼭 유도분만 해야 할까?**: 아기가 더 커지면 자연분만이 어려우니 예정일이 되기 전에 유도분만 하자는 권유를 받는 경우가 종종 있다. 이는 오히려 유도분만에 실패하고 제왕절개로 가는 확률을 높일지도 모른다. 일단 산모에게는 아기가 크다는 부담이 주어지고, 유도분만 시기가 출산 예정일 보다 앞당겨질 때는 더욱 그렇다.

아기가 어느 한 주에 갑자기 커졌다고 그 추세를 이어가는 것도 아니며 초음파 검사로 추정하는 아기의 몸무게가 그리 정확한 수치도 아니다. 아기 머리 크기나 몸무게가 2~3주 크다고 해도 임신 막달에는 더디게 성장할 수 있으니, 산모가 내키지 않는다면 무리하게 유도분만을 시도하지 않아도 된다.

▲ **유도분만은 원래 2~3일은 걸린다**: 유도분만은 하루 만에 성공할 확률이 낮다. 통상적으로 2~3일 정도 걸리는데 병원에서는 유도분만 첫날 산모의 출산 진행이 원활하지 않으면 다음날 제왕절개와 유도분만 중 하나를 선택하라고 한다. 아침 이른 시간부터 종일 유도분만을 하고 이런 말을 듣는 산모는 힘이 빠질 수 밖에 없다. 하지만 이튿날 유도분만을 성공할 확률을 배제해선 안 된다.

이런 산모가 있었다. 유도분만 이튿날 오후 3시경 자궁경부가 5cm까지 열리고 더 이상 진행이 안돼서 수술을 준비하고 있었다. 그런데 갑자기 진통이 다시 시작되어 극적으로 자연분만을 할 수 있었다.

아기의 심장박동수가 계속 떨어지는 위험한 상황이거나 산모가 유도분만을 더는 원하지 않을 때는 제왕절개를 하는 게 맞다. 다만, 유도분만 실패에 대한 두려움이나 걱정이 큰 경우라면 지레 포기하지 말고 할 수 있는 데까지 해 보고 제왕절개를 결정했으면 한다.

## 산모는 더 나은 출산 방식을 선택할 권리를 가진다

유도분만이 꼭 필요한 경우는 의료적인 이슈가 있을 때다. 조기 양수파수 후 진통이 없는 경우, 양수과소증인 경우, 엄마 배 속에서 아기가 잘 있다고 장담하기 어려운 경우, 임신중독증이 생긴 경우, 과숙아(임신 42주 이상)인 경우, 산모가 고혈압이나 당뇨로 인해 자연분만이 곤란한 경우다.

의료적인 이유가 아니라면 산모는 자신의 출산 방식을 선택할 수 있다. 특히 초산이고 자연분만을 원하는 경우라면 유도분만 결정은 신중해야한다. 첫째 아이를 자연분만해야 둘째 아이를 자연분만 할지 제왕절개를 할지 선택할 수 있기 때문이다. 첫째 아이를 제왕절개로 낳은 경우, 둘째를 자연분만으로 낳는 브이백은 여러모로 쉽지 않다.

어떤 출산 방식을 선택하든 그 모든 것들을 오롯이 겪어내고 출산해야 하는 사람도, 산후 회복을 해야 하는 사람도 산모 본인임을 잊지 말자. 어떤 선택을 하든 산모가 더 나은 출산 방식을 선택할 권리를 포기해선 안 된다.

## 알아두면 쓸모 있는 유도분만 절차

▲ **입원**: 전날에 입원하기도 하고 유도분만 당일 아침 일찍 병원에 가기도 한다. 병원에 따라 다르다.

▲ **유도분만 시간**: 통상 아침부터 오후까지 산모에게 촉진제를 투여하고, 저녁 시간 이후부터 아침까지는 시행하지 않는다.

▲ **질정제 사용**: 자궁경부가 딱딱할 때 경부를 먼저 부드럽게 하려고 질정제를 쓴다. 질정제 사용 후 경부가 부드러워지면 산모에게 촉진제를 단계적으로 투여한다. 이때 자연진통처럼 진통이 서

서히 세졌다 약해지지 않고 마냥 세진 상태가 오래가기도 한다. 진통이 잘 안 걸리기도 하며, 더디게 진행되다가도 마지막에 갑자기 빠르게 진행돼서 자궁경부가 열리는 예도 있다.

▲ **촉진제 투여**: 자궁경부가 부드러워졌다면 정맥주사로 촉진제를 투여한다. 적은 양부터 시작해서 점차 양을 늘려간다.

▲ **태아 모니터링**: 아기가 촉진제에 어떻게 반응할지 몰라서 태동 검사를 계속 시행하며 의료진이 모니터링한다. 아기 심장박동수가 자꾸 떨어질 경우, 촉진제 투여를 중단하거나 응급 제왕절개를 하기도 한다.

▲ **호흡**: 일반 분만 할 때도 호흡이 중요하지만, 유도분만은 진통이 유독 강해서 호흡이 특히 중요하다. 진통이 왔을 때 최대한 호흡하는 것이 중요하다. 유도분만 날짜를 잡았다면 호흡 연습을 최대한 많이 해야 한다.

# 가진통이 길면 아기가 위험할까요?

　임신도 처음 출산도 처음인 초산모들은 가진통에 다양한 오해를 한다. '싸르르'한 느낌이 가진통인지도 모르고, 괜히 '뭘 잘못 먹었나'라는 의심을 한다. 배가 딱딱해졌다가 풀리는 배뭉침을 가진통 증상이라 생각하는 일도 있다. 가진통은 그 유형이 다양하다. 평소 가진통이 전혀 없다가 출산 진통을 시작하기도 하고, 규칙적인 배뭉침이 진통으로 이어지는가 하면, 가진통만 있고 진진통이 좀처럼 오지 않기도 한다.

　처음 가진통을 느낀 산모들은 바짝 긴장하기 마련이다. 마음속에 정해둔 출산 예정일이 있거나 아직 출산이 멀었다고 생각했다면 더 당황한다. 하지만 가진통의 특성상 진통은 있다가 사라지기도 하고, 저녁이나 밤만 되면 시작되는 진통이 아침만 되면 사라지기도 한다.

　나는 첫째를 임신했을 때 가진통을 일주일 정도 겪은 후에 출산했다. 가진통이 생겨도 당장 출산으로 이어지는 것이 아니고, 가진통이 길다고 해서 잘못된 것도 아니라는 걸 알고 있었기에 담담하게 일상생활을 할 수 있었다. 그런데 대부분의 산모들은 가진통에 막연한 두려움이 있다. 그럴 수밖에 없는 것이, 산모 개개인이 겪는 가진통의 느낌이 다르고 실체가 없다 보니 '가진통은 이런 거다' 라고 사전적인 정의를 내릴 수가 없다. 오늘은 임신 막달에 느닷없이 찾아오는 가진통에 대한 궁금증과 이와 관련된 증상에 대해 살펴보도록 하자.

## Q. 가진통이 길어지면 아기가 힘들어하나요?

가진통은 통상적으로 약한 수준으로 시작된다. 진통이 있으나 산모가 못 느끼는 경우도 있고, 2~3번의 호흡으로 금세 지나가기도 한다. 밤마다 가진통을 하는 산모가 있다고 가정해보자. 이 가진통으로 산모가 잠을 설친다면 어떨까? 분명 아침이 돼서야 잠이 들고 늦게 일어나게 될 것이다. 하지만 호흡을 참고 싶을 만큼 아프거나 얕은 호흡을 하게 될 정도의 강도는 아닐 것이다. 따라서 가진통을 오래 한다고 해서 아기가 힘들어할 일은 없다. 다만 산모의 컨디션이 너무 안 좋아진다면 아기에게도 영향이 갈 수는 있다.

## Q. 가진통을 오래 하면 아기가 태변을 볼 수 있다?

아기가 태변을 보는 경우는 분만 과정에서 산모가 호흡을 제대로 못 했거나 산모의 배에 물리적인 힘을 가했을 경우다. 두 가지 모두 산모가 태반 호흡 중인 아기에게 충분한 산소를 공급하지 못하게 된다. 아기가 뱃속에서 태변을 보는 것은 아기의 항문 괄약근이 풀려서 생기는 현상이다. 그 정도라면 아기에게는 생명의 위험을 느낄 만큼 놀랐다는 표시가 아닐까? 그런데 가진통은 미약한 진통으로 아기가 산도를 통과하게 살짝 미는 정도로 오는 것이니, 가진통을 오래 한다고 아기가 태변을 보게 된다는 얘기는 그럴 싸하게 들리지만 말이 안되는 주장이다.

### Q. 산후도 아닌데 왜 손가락 관절이 쑤실까?

임신 막달 37주나 38주 즈음 손가락 관절이 아프거나 아침에 일어나면 손이 잘 안 펴진다는 산모들이 있다. 임신 막달은 출산을 앞두고 호르몬 변화가 큰 시기이며, 호르몬의 양도 증가한다. 아기가 산도를 잘 통과하고 엄마가 출산을 잘하도록 뼈와 근육, 인대 등을 느슨하게 하는 릴렉신이라는 호르몬이 나오는데, 이 호르몬 때문에 산모들은 손가락 관절이 아픈 것이다. 그 외에 골반통, 요통 등을 겪기도 한다. 자연스러운 현상이니 안심해도 된다. 몸이 출산 준비하느라 생겨나는 현상 중 하나로 받아들이자.

### Q. 가진통이 있으면 출산을 빨리할까?

가진통이 오면 언제 진진통이 오는지, 출산을 빨리 하는지 궁금해하는 산모들이 많다. 하지만 초기 가진통은 몸이 진통을 연습하는 수준으로 오다가 멈추거나 미약한 상태로만 지속하기 때문에, 진통이 어떻게 발전하고 지속할지는 알 수 없다. 가진통이 빈번하게 생긴다고 해서 출산일이 앞당겨지는 것도, 가진통이 전혀 없다고 해서 출산이 늦춰지는 것도 아니다.

## Q. 가진통이 있으면 유도분만 하는 게 나을까?

얼마 전 가진통 때문에 유도분만 하고 싶다는 산모에게 연락이 왔다. 내일모레 유도분만 일정이 잡혔는데 본인이 잘한 결정인지 모르겠다며 상담을 요청했다. 가진통이 있다는 건 몸이 출산을 준비하고 있다는 좋은 신호이고 전반적인 조건이 자연분만 하기 좋았기에 자연진통을 기다려보면 어떠냐고 물었다.

그런데 산모의 입장은 달랐다. 가진통으로 밤에 잠을 못 잔지 1주일이 다 되어가고 진통이 언제 걸릴지도 알 수 없으니 빨리 낳고 싶다고 했다. 나는 산모가 다니는 주치의 소견이 어떤지 물어봤는데, 유도분만 성공 확률도 높은 편인 듯 했다. 그 산모는 이미 유도분만 쪽으로 마음이 기울었고 성공 확률도 높아 보이니 잘할 수 있을 거라고 응원해줬다.

가진통에도 단계가 있다. 가진통 전조 증상, 초기 가진통, 주기가 있는 가진통, 진진통 전 가진통으로 나눠볼 수 있다. 산모가 가진통을 어떻게 느끼는지는 출산에 대한 불안감 정도에 따라 다르다. 출산에 대한 두려움이 크면 클수록 가진통을 더 강하게 느낄 수도 있다. 가진통은 진진통으로 가기 위한 과정이며, 진통은 단계적으로 진행되어 새 생명을 만나게 된다는 걸 기억하자. 가진통은 그렇게 기다리던 출산의 시작이며 반가운 신호다. 호흡과 이완으로 가진통을 흘러 보내면 이제 곧 천사같은 아기를 만나게 될 것이다.

# 3부

## *** 임신 막달, 출산 준비의 모든 것 ***

임산부 걷기 운동, 얼마나 해야 할까?

아기가 골반 아래로 잘 내려오는 운동은?

임신 막달 관리, 오늘부터 1일

'남편 덕분에' 출산 잘하는 방법

자연주의 출산보다 중요한 이것!

# 임산부 걷기 운동, 얼마나 해야 할까?

"산부인과에 갔더니 아기가 주수보다 크대요. 꾸준히 걷기를 하라는데 하루에 얼마나 걸어야 할까요?"

임신 후기에 접어든 산모들이 가장 많이 묻는 질문 중 하나다. 이외에도 임산부 걷기에 대한 질문은 다양하다. 파워 워킹을 해야 운동 효과가 있는지, 평지 걷기와 오르막 걷기 중 어떤 게 더 좋은지, 걷기 대신 집에서 스텝퍼를 해도 되는지 등 임산부 걷기 운동 관련 질문만 모아도 하루 종일 답변해야 할 것 같다. 지금부터 임산부 걷기에 대한 궁금증을 하나씩 풀어보도록 하자.

## 임산부! 하루에 어느 정도 걷는 게 좋을까요?

임산부가 하루에 어느 정도 걸어야 좋다는 건 딱히 정해져 있지 않지만, 일반적으로 30분 걷기를 추천한다. 운동하기 귀찮고 몸이 무겁지만 하루 30분 이상 꾸준히 걷는다면 임신 중 컨디션 향상에 도움을 줄 수 있다. 걷는 시간은 임신 초기, 중기, 후기에 따라 조금씩 다를 수 있는데, 임신 막달로 갈수록 걷는 시간을 조금씩 늘려가면 좋다.

조산의 위험이 있는 임신 초기 3개월은 20~30분 정도의 산책을 권하고, 임신 중기 부터는 하루 최소 30분 이상 걷기와 임산부 요가를 병행하거나 걷는 시간을 10분씩 늘려가는 것도 좋다. 임신 후기라면 하루 1시간~1시간 30분 정도, 임신 막달에는 하루 2시간 이상 걸으면 순산에 도움을 줄 수 있다.

만약 조산기가 있는 산모라면 임신 36주 중반 이후부터 걷기를 시작하고, 체력과 컨디션에 따라 단계적으로 걷는 시간을 늘려가면 된다.

### 언제 걷는 게 가장 좋을까?

임신성 당뇨가 있는 산모들은 식후 1시간 이내에 걷기를 한다. 식후 1시간 이내 운동이 혈당을 낮추는 데 도움을 주기 때문이다. 같은 이유로 식후 1시간 이내 걷기는 일반 산모에게도 골든타임이다. 만약 회사에 출근을 하거나 앉아서 일을 하는 임산부라면 점심과 저녁 식사 후 걷기를 시도해보자.

### 자연주의 출산을 준비중이라면 하루 3시간 걷기?

내가 10년 전 자연주의 출산을 할 때 의사선생님은 임신 막달이니까 하루 3시간 정도는 걸어야 한다고 하셨다. 임신 전 운동을 거의 안하던 나로서는 하루 3시간을 어떻게 걸어야 하나 막막했다. 그런데 하루 3시간 걷기는 몰아서 걷는 게 아니었다.

예를 들어, 아침 먹고 1시간, 점심 먹고 1시간, 저녁 먹고 1시간 이런 식으로 나눠서 걸어주면 된다. 몸이 많이 무겁겠지만 임신으로 인해 골반 주변 근육이 경직되어 있으니, 골반을 가장 부드럽게 풀어주는 방법으로 걷기가 최고다.

특히, 남편이 임신한 아내와 함께 걷기를 한다면 금상첨화다. 부부가 함께 걸으며 뱃속에 있는 아기에게 태담도 해주고, 남편은 임신 중인 아내가 걷기를 꾸준히 할 수 있도록 아낌없이 격려해주자.

## 임신 막달에는 만보 걷기를 꼭 해야할까?

임신 막달에 어느정도 걷는 게 좋은지 물어보는 임산부들이 많다. 꼭 만보 걷기를 해야하는 건 아니다. 이건 어디까지나 산모 개인의 컨디션과 체력에 따라 다르다. 밑이 빠질 것 같은 증상이 너무 심하거나 체중 증가가 많아서 발바닥 압통이 심하다면 걷기가 힘들 수 있다. 이런 경우는 걷기 대신 런지나 스쿼트를 추천한다.

## 1시간씩 걷는 게 너무 힘든데 어떻게 하죠?

임산부에게 걷기가 가장 무난한 운동이지만 어떻게 하느냐에 따라 무리가 될 수 있다. 어느 초산모는 1시간 동안 걸으면 몸이 녹초가 돼서 걷기가 너무 힘들다고 호소했다. 운동량이 거의 없던 산모가 갑자기 몰아서 1시간 걷기를 했다면 힘들 수밖에 없다.

걷기는 20~30분에 한 번씩 쉬어 주거나 나눠서 걷는 게 좋고, 중간에 배뭉침이 생기면 잠시 쉬면서 이완하면 된다. 하지만 몸살기가 있거나 컨디션이 저조한 날에는 운동을 쉬는 게 낫다.

## 걷기 할 때 꼭 챙겨야 할 3가지!

첫째, 편안한 신발이다. 임신 후에는 보통 플랫슈즈를 많이 사지만 신발에 쿠션감이 있는 게 훨씬 더 편하다.

둘째, 준비 운동이다. 걷기 전에는 짐볼에 앉아 골반 돌리기나 간단한 요가 동작으로 준비 운동을 해주고, 걷고 난 후에는 발목이나 다리의 피로를 풀어주는 게 좋다. 임신 막달이라고 갑자기 무리해서 걸으면 조기양수파수가 되거나 컨디션이 급격하게 떨어질 수 있으니 조심해야 한다.

셋째, 수분 보충이다. 걷고 나서 많이 붓는다면 수분 부족일 수 있다. 걷는 중에는 물이 부족하지 않도록 수분 보충을 잘 해주는 것 역시 중요하다.

## 걷기 대신 계단 오르기나 스텝퍼를 하는 건 어떨까?

미세먼지가 많거나 너무 춥거나 더운 날 실내에서 할 만한 운동으로 스텝퍼를 추천한다. 하지만 일반인이 아닌 임산부의 경우, 몸의 무게 중심이 앞으로 쏠려 있어서 자세를 잘못 취하면 무릎 손상을 일으킬 수 있다. 스텝퍼를 이용하기 보다는 런지나 스쿼트를 추천한다.

계단 오르기는 걷기보다 칼로리 소모가 많지만 임신 막달에 배가 앞으로 나와 발끝이 잘 안보이므로 주의해야 한다. 계단 오르기를 할 때는 넘어지지 않도록 반드시 난간을 잡아야 하고, 내려 올 때는 무릎 손상 방지를 위해 엘리베이터를 이용해야 한다.

같은 이유로 등산이나 오르막 걷기는 추천하지 않는다. 산을 내려오거나 내리막 길에선 무릎에 무리가 갈 수 있기 때문이다.

## 파워 워킹 VS 일반 걷기 중 어떤 게 좋을까?

파워 워킹을 해야 운동이 되는 건지 궁금해 하는 산모들이 많다. 꼭 파워 워킹을 할 필요는 없다. 임신 중에 마라톤을 하는 임산부들도 종종 있지만 이런 경우는 임신 전 운동을 꾸준하게 해왔고, 어느 정도 체력이 있는 경우에 국한된다. 임신 막달이 되면 가만히 있어도 숨이 차다는 임산부가 많다. 그런 이유로 파워 워킹보다 일반 걷기를 추천한다.

파워 워킹을 한다고 해서 아기를 일찍 만날 수 있다는 보장이 없고, 괜히 무리했다가 컨디션만 나빠질 수 있으니 욕심내지 말자. 산모 스스로 생각 했을 때 자신의 걷는 속도가 적당하다면 그 속도를 유지하면 된다. 꼭 30분을 채우지 않더라도, 배뭉침이 심하거나 숨이 차거나 땀이 나면 그냥 쉬어도 무방하니 자신의 컨디션에 최대한 맞춰서 걷도록 하자.

## 임산부에게 걷기를 권하는 이유

걷기는 임산부가 할 수 있는 가장 안전한 전신 운동으로, 임신 중 걷기는 다이어트 목적이 아니다. 산부인과에서 임산부에게 걷기를 권하는 것은 신진대사를 원활하게 해서 적정 체중을 유지하고 골반을 둘러싼 주변 근육을 부드럽게 만들기 위함이다.

1주일에 5일정도 걷는 게 가장 무난하고, 컨디션이 좋다면 매일 걷기를 해도 상관없다. 걷기는 뼈 건강, 임신 중 우울증 감소, 비타민D 흡수, 체력 및 골반의 유연성 증가, 부종 감소, 임산부 불면 및 스트레스 해소 등 매우 많은 장점을 갖고 있다.

## 걷기 외에 할 수 있는 운동은 없을까?

걷기와 다른 운동을 병행하고 싶다면 런지와 스쿼트 같은 근력운동을 추천한다. 걷기와 마찬가지로 가장 낮은 단계부터 시작해서 차츰차츰 운동량을 늘려가면 좋다. 식단을 관리할 때처럼 매일 운동량을 기록하면 컨디션에 따라 운동량을 조절하기 쉽다.

모든 일이 그렇듯 시작이 반이고, 꾸준하게 운동하면서 효과를 느끼면 임신 기간이 훨씬 더 편안할 것이다. 임신 전 운동을 하던 임산부라 하더라도 처음에는 너무 욕심내지 말아야 한다. 체형이 달라졌고, 몸에는 다양한 호르몬 변화가 있고, 임신 전보다 늘어난 체중 등을 감안해야 한다. 자신의 상황과 체력에 맞게 가볍게 걷기를 시작해보자. 건강한 임신 생활에 반드시 도움이 될 것이다.

# 아기가 골반 아래로 잘 내려오는 운동은 없을까?

자연주의 출산 병원에서 권하는 임신 막달 운동은 하루 3시간 걷기다. 임신 막달 커질 대로 커진 배로 하루 총 3시간을 걷는 게 현실적으로 가능할까? 임신 막달 산모에게 그 정도 운동량을 권하는 이유는 그만큼 활동량을 늘리고 체력을 키워서 출산을 대비하라는 의미이다.

임신 막달에 가장 필요한 건 순산을 위한 체력 관리다. 따라서 자신에게 맞는 운동과 적정 운동량을 찾아서 체력을 쌓아가는 게 중요하다.

임신 37주 즈음 산부인과 진료를 보면 아기가 아직 한참 위에 있으니 열심히 운동하라고 권한다. 물론 운동만으로 아기가 내려온다고 보장 할 수는 없다. 하지만 임신 막달 엄마 몸에서 릴렉신 호르몬이 최대치로 나오니 운동까지 하면 출산에 조금이라도 보탬이 될 거라고 예상하는 것이다. 그렇다면 분만을 촉진하는 운동이 따로 있을까?

## 맘카페 단골질문 '아기가 잘 내려오게 하는 운동 있나요?'

맘 카페에 자주 올라오는 질문 중 하나다. 어느 임산부는 임신 37가 됐을 때 산부인과 진료에서 아기가 아직 안 내려 왔다는데, 어떤 운동을 해야 좋은지 알려달라고 했다. 임신 막달이 되면 아기가 골반 아래로 내려오는 것은 자연스러운 일이지만 그렇지 않은 경우도 있다.

하지만 너무 불안해 할 필요는 없다. 아기가 골반 아래로 안 내려왔다고 해서 무조건 출산이 늦어지거나 자연분만이 불가능한 게 아니니 말이다. 특히 초산모의 경우는 아기가 골반 아래로 많이 내려와 있는 경우가 흔하지 않다. 아기가 안 내려와서 출산이 늦어질까 봐 걱정하는 산모에게 어느 산부인과 의사선생님은 이렇게 말했다.

"진통이 오면서 아기가 내려오니까 걱정하지 않아도 돼요."

진통이 시작되고 산모가 몸을 움직여주면 아기가 내려오는 걸 도울 수 있다. 자궁문이 다 열리고 아기가 산도를 잘 내려올 수 있게 산모가 밀어내기 호흡도 해준다. 출산일 전에 아기가 엄마 골반 깊숙이 내려와 있는 경우도 있는데, 이것은 출산일에 진진통이 시작되어 아기가 태어날 때까지 총 소요 시간을 다소 줄여 준다. 그러니 아기가 얼마나 내려왔는지 너무 신경 쓰지 말고 짐볼 운동으로 골반 주변 근육을 이완해보자. 지금부터 짐볼 운동 외에 순산에 도움이 되는 운동과 몇 가지 동작을 알아보자.

◇ **짐볼 운동 1 - 골반 돌리기**

짐볼 위에 앉는다. 이때 다리를 최대한 벌려서 몸의 균형을 잡는다. 골반으로 바닥에 동그란 원을 그린다는 생각으로, 짐볼에 앉은 채 천천히 골반을 돌려준다. 골반을 크게 움직이는 것은 상관없으나 너무 큰 원을 그리려고 욕심내지 않는다. 짐볼의 지름보단 작은 원을 그리듯이 골반을 움직여 주면 된다. 이 동작은 서혜부 안쪽과 회음부 주변 근육을 풀어준다.

◇ **짐볼 운동 2 - 위 아래로 통통통**

아기가 잘 내려오는 운동으로 짐볼에 앉아 위 아래로 통통하는 것을 가장 먼저 떠올릴 수 있다. 하지만 이 운동은 회음부가 많이 부은 산모들은 피하는 게 좋고, 너무 속도를 내서 짐볼을 위아래로 통통 튕기면 태반 조기 박리가 우려되므로 매우 조심해야한다. 이 동작을 할 때는 전문가의 조언을 구하거나 아주 부드럽게만 진행하는 게 좋다.

◇ **개구리 자세 1**

다리를 벌리고 쪼그려 앉으면 개구리 자세가 된다(와이드 스쿼트 자세에서 그대로 깊이 앉으면 된다). 두 손을 모으고 양쪽 팔꿈치로 양 무릎을 지그시 밀어낸다. 이때 허벅지에 힘을 줘서 버틴다. 약 10번 정도 숨을 들이쉬고 내쉬면서 이 자세를 유지한 후 발목을 살살 돌려 긴장된 근육을 풀어준다.

◇ **개구리 자세 2**

위의 자세에서 손을 바닥에 짚는다(손바닥은 바닥을 살짝 짚어주는 정도만 힘주기). 한쪽으로 몸을 기울여서 반대쪽 발바닥이 거의 뜨도록 움직인다. 이때 발가락만 바닥에 붙인다. 양쪽으로 왔다 갔다 해준다.

### ◇ 개구리 자세 3

개구리 자세 1번에서 무릎을 바닥에 대고 손바닥을 바닥 앞쪽에 짚는다(옆에서 보면 진짜 개구리 같아 보이는 자세임). 이제 골반을 뒤로 내렸다 올렸다 한다. 엉덩이가 완전히 바닥에 닿지 않아도 되니 무리하게는 진행하지 말고 할 수 있는 만큼만 하기. 임신 막달 골반이나 허리 아플 때 좋은 동작이다.

### ◇ 개구리 자세 4

개구리 자세 1번에서 발뒤꿈치를 살살 들어주면서 균형을 잡는다. 손은 몸 뒤쪽으로 바닥을 살짝 짚는다. 숨을 들이쉬고 내쉬면서 아기가 아래로 내려오는 상상을 하면 도움이 된다. 단, 이 자세는 임신 막달 이전에는 하지 않도록 한다.

### ◇ 누워서 골반 비틀기

이 동작은 임산부가 아니더라도 요가나 필라테스에서 많이 하는 자세인데, 누운 채 무릎을 세운다. 팔은 양 옆으로 길게 뻗고 머리는 무릎 반대쪽으로 돌린다. 예를 들어, 무릎을 세운 채 다리를 왼쪽으로 쏠리게 하면 머리는 오른쪽으로 향하게 하고 왼쪽 어깨는 최대한 바닥에 붙인다. 이때 너무 무리하게 몸을 비틀지 않도록 조심한다. 양쪽을 번갈아 가며 시행한다.

## ◇ 골반 스트레칭 1

바닥에 누운 상태에서 무릎을 세운다. 다리를 양쪽 옆으로 벌리고 발바닥을 서로 붙인다. 이때 무릎이 완전히 바닥에 닿지 않아도 된다. 발목에 무리가 가지 않도록 발목 아래 수건이나 쿠션을 받쳐준다.

## ◇ 제자리 걷기에서 다리 들어 원 그리기

미세먼지가 많은 날이나 계단 오르기도 힘들고 밖에서 걷기 힘든 날 하기 좋은 운동이다. 집안에서 제자리 걷기를 하면서 한쪽 다리를 골반 높이까지 들었다가 바깥쪽으로 원을 그리듯 내려놓는다. 반대쪽 다리도 같은 동작으로 한다. 좌우를 번갈아가며 하면 된다.

이외에도 런지 운동, 런지 상태에서 골반 돌리기, 벽과 등 사이에 짐볼 놓고 스쿼트 하기, TRX를 이용한 스쿼트 등 다양한 동작들이 있다. (이 영상들은 둘라 로지아 유튜브 채널에서 볼 수 있다)

그럼, 임신 막달 운동은 어느 정도 해야 할까? 임신 막달 운동은 산모 개인 체력에 따라 크게 다르다. 임신 기간 중 자궁경부 길이가 짧아지거나 조기 수축으로 인해 운동을 거의 하지 못한 산모들은 걷기 운동을 15~20분부터 시작해서 천천히 운동량을 늘려가는 게 좋다.

임신 중이라도 운동을 하다 보면 차츰 체력이 좋아지므로, 그에 맞게 운동량을 늘려 나가면 된다. 양쪽을 번갈아 가며 해야 하는 런지는 반드시 양쪽 모두 같은 회수로 해주고, 무릎이 아파서 스쿼트 동작이 힘든 산모라면 무릎에 최대한 무리가 가지 않는 동작을 취하면 된다. 임신 막달에는 운동 플랜을 짜서 루틴을 만들어 냉장고에 붙여두고 매일 어느 정도 했는지 체크해보자. 임신 막달이라도 좋은 컨디션을 유지할 수 있고, 출산에 대한 불안감도 줄어들 것이다.

# 임신 막달 관리, 오늘부터 1일

조산기 때문에 37주가 될 때까지 운동은 커녕 계속 누워만 생활한 산모, 새벽 세 시나 되어야 잠자리에 드는 산모, 입덧 때문에 과일을 달고 살다가 임신성 당뇨가 오고 체중이 20kg 넘게 불어난 산모 등. 산모들의 케이스는 정말 다양하다. 그리고 임신 막달 코칭을 신청하는 산모들은 이런 걱정을 한다.

"선생님, 지금까지 관리를 전혀 못 했어요. 지금부터라도 운동 잘해서 순산하고 싶은데, 너무 늦지 않았을까요?"

그에 대한 나의 대답은 한결같다.

"지금까지 못 한 건 다 잊으세요. 오늘부터 시작하면 됩니다. 남은 기간 제가 알려드린 것만 잘 지키세요."

이들에게 중요한 것은 앞으로 남은 임신 기간이다. 출산 방식과 별개로 임신 막달 관리는 아주 중요하다. 어떻게 출산하든 산후 회복은 해야 하고, 임신 막달 산모 컨디션에 따라 회복 속도가 다르니까.

임신 막달 관리는 크게 세 가지로 나뉜다. 수면 습관, 식단 관리, 그리고 운동이다. 이 세 가지를 신경 써서 바꿔 나간다면 좋은 컨디션을 유지할 수 있고 난산 확률도 줄일 수 있다.

한 산모는 첫째 출산 후 살이 다 빠지지 않은 상태에서 둘째를 임신했다. 임신 후 14kg가 늘어 임신 막달에는 체중이 80kg을 넘었다. 14kg은 임신 후 적정 체중 증가 범위이지만, 비만인 상태에서 임신했기에 그는 난산을 걱정했다. 병원에 갈 때마다 스트레스를 받았고, 남편의 휴가와 출산 일정이 맞지 않을까봐 불안해했고, 거기에다 브이백 이었다.

결과는 어땠을까. 그는 결국 자연분만에 성공했다. 그는 임신 막달에 정말 열심히 운동했다. 끼니마다 쌈을 싸서 채소를 충분히 먹었고, 간식으로 먹던 탄수화물류도 끊었다. 가진통이 길었지만, 매일 운동을 열심히 한 덕에 밤에 잠도 잘 잤다. 출산일까지 무척 초조 했지만, 둘라인 나의 정서적 지지를 통해 안정을 찾아갔다. 이렇게 산모가 순산하려면 우선 운동과 식단으로 신체적 조건을 갖추고, 심리적으로 편안해야 한다.

임신 막달 산모들은 하루라도 빨리 아기를 낳길 바라지만, 그 마음만큼 임신 막달 관리에 신경 썼으면 한다. 지금부터 순산하는 막달 관리 요령을 함께 알아보자.

## 내가 원하는 출산 모습을 상상하라

"선생님, 최근에 다른 산모들 출산 후기를 찾아보는데 너무 무서워요."

출산 후기는 제발 그만 보라고 해도 임신 막달 산모에게 어디 그게 쉬운가. 이때 가장 좋은 것은 두려운 감정에 맞설 긍정의 에너지를 키우는 것이다. 두려움을 극복한다는 것은, 두려움의 싹을 자르거나 무시하거나, 회피하는 게 아니다. 두려움을 인정하고 안고 가는 일에 가깝다. 안좋은 감정은 회피하거나 무시하려고 하면 할수록 더욱 깊게 파고들기 때문에 그 감정과 함께 좋은 감정도 챙겨주면 된다. 지금 출산의 두려움을 느끼고 있다면 자신에게 다음과 같은 질문을 던져보자.

- 내가 원하는 출산의 과정은 무엇인가?
- 내가 생각하는 순산의 정의는 무엇인가?
- 내가 출산에서 가장 두려워하는 것은 무엇인가?
- 진통을 이완과 호흡으로 넘길 수 있다는데,
  그에 대해 어느 정도 신뢰하는가?
- 출산 후 어떤 감정이 들기를 기대하는가?
- 산후 회복이 잘 된다는 것은 어떤 것을 의미할까?
- 출산을 위해 신체적으로 준비해야 하는 것들은 무엇일까?
- 순산하기 위해 내가 할 수 있는 일은 무엇인가?

위와 같은 질문을 자신에게 던지고 생각을 정리하다 보면 두려움은 조금씩 줄어들고 출산에 대해 어느 정도 윤곽이 잡힐 것이다. 모든 것이 계획대로 되진 않는다. 특히 출산은 더더욱 그렇다. 그래도 자신에게 이런 질문을 던지고 답을 얻는 과정에서 심리적인 안정감을 얻을 수 있다.

알고 있는 출산 지식을 모두 동원해서 출산의 과정을 하나씩 떠올려보자. **"이슬 → 가진통 → 가진통과 진진통 사이 → 진진통 → 자궁경부가 다 열림 → 아기가 내려오는 과정 → 힘주기 호흡 → 아기 탄생 → 태반 만출 → 후처치"**까지 출산 진행 단계에 맞춰 상황을 정리하고 가장 이상적인 출산 진행을 떠올려보는 것이다. 반복할수록 좋다.

## 임신 막달 순산 운동 3종 세트 : 짐볼, 런지, 스쿼트

임신 막달에 추천하는 운동량은 산모마다 다르다. 다만 땀이 살짝 날 정도로 하면 되는데, 음식을 골고루 먹는 것이 좋듯이 운동도 여러 개 섞어서 하는 게 좋다. 짐볼만 하거나 걷기만 하는 것보다 런지와 스쿼트를 병행하면 근육이 생겨 출산에 도움이 된다.

임신 막달엔 짐볼, 런지, 스쿼트를 추천한다. 우선 짐볼 운동을 할 땐 하루에 서너 번 하고, 한 번 할 때마다 최소 10분 이상 하는 게 좋다. 짐볼 운동은 임신 막달에 흔하게 겪는 와이존 통증 감소와 서혜부 이완을 도울 뿐만 아니라, 회음부를 마사지하는 효과도 있다. 짐볼 운동을 할 땐 단순히 시간을 채운다는 느낌보다 자극 받는 신체 부위에 주의를 기울이며 하면 더 좋다.

런지는 임신 막달에 붓기 쉬운 종아리 근육을 풀어주는 느낌으로 하면 된다. 런지를 하고 나면 대부분 시원하다는 반응이다. 계단 오르기처럼 일부러 밖에 안 나가도 되고, 바닥에서 할 수도 있고, 의자나 침대를 활용할 수도 있다. 런지 자세에서 양쪽 허리에 손을 올리고 공중에 원을 그린다는 생각으로 골반을 돌리면 골반 이완에 좋다.

스쿼트는 막달 산모에게 가장 추천하는 운동이다. 임신 중 운동을 거의 안 했거나 근육량이 별로 없다면 스쿼트가 힘들겠지만, 하루에 한 개라도 한다는 생각으로 해보자. 스쿼트를 하면 허벅지와 엉덩이 근육을 키우는 데 도움이 된다. 운동을 하는 만큼 근육이 생기고 산소 포화도가 올라간다.

출산 진통은 자궁 근육이 수축할 때 느껴지는 통증이므로 근육을 많이 만들어두면 산모에게는 감통 효과를 태아에게는 산소 공급을 원활하게 할 수 있다. 무엇보다 출산 후에 산후 회복이 잘 된다.

## 임신 막달에 잠이 안 와서 자꾸 새벽에 자게 돼요.

임신 초기처럼 호르몬 변화가 많은 임신 막달에는 불면에 시달리는 산모들이 많다. 더군다나 잦은 소변, 배뭉침, 가진통 등으로 숙면을 취하기가 어렵다. 밤에 깨더라도 바로 핸드폰을 들지 말고 몸을 이완한다는 생각으로 가만히 호흡에 집중해보자. 들이쉬고 내쉬는 호흡에 주의를 기울이면서 정수리부터 발끝까지 이완하기를 연습하다 보면 다시 잠이 들 것이다. 자다 깨는 건 어쩔 수 없지만 잠이 안 온다는 이유로 새벽 3~5시가 되어서야 잠드는 건 호르몬 교란이 일어날 수 있으므로 주의해야 한다.

## 임신 막달은 체중 조절이 가장 필요한 때

임신 막달에는 단백질과 채소를 의식적으로 많이 챙겨 먹어야 한다. 빵, 과자, 케이크, 단호박 대신 삶은 계란이나 치즈, 야채 스틱 등을 챙겨 먹어야 단백질과 식이섬유 하루 권장량을 채울 수 있다. 단백질을 잘 챙겨먹어야 막달에 갑작스런 체중 증가를 방지할 수 있고, 식이섬유를 충분히 섭취해야 대사가 원활해져 출산이 순조롭게 진행된다. 임신 중 갑작스런 체중 증가는 난산 뿐만 아니라 임신성 고혈압, 단백뇨 등의 원인이 될 수 있다.

## 건강상 문제만 없다면, 임신 막달 부부관계도 OK

병원에선 자연분만 원하는 산모에게 운동을 열심히 해야 아이를 빨리 낳을 수 있다고 하지만, 운동과 출산일은 상관이 없다. 운동으로 아기가 잘 내려오게 하거나 골반을 이완시킬 수는 있지만 출산을 앞당겨주지는 않는다.

출산일을 앞당기려면 직접적으로 자궁수축을 유발할 수 있어야 하는데, 다음의 다섯 가지가 도움이 된다. **▲부부관계 ▲매운 음식 먹기 ▲유두 자극 ▲가슴 마사지 또는 유축 ▲야한 동영상 보기**

위의 내용 중 가장 질문을 많이 받는 항목이 바로 부부관계다. 흔히 임신 후기 부부관계는 배 땡김이나 감염, 자궁수축으로 인한 조산 등의 이유로 권하지 않는다. 하지만 임신 막달은 언제 출산해도 되는 만삭이라서 자궁수축으로 인해 가진통이 생겨도 괜찮고, 만약 유도분만을 앞둔 산모라면 부부관계로 조금이나마 자궁수축을 자연스럽게 유발하는 것도 좋을 듯 싶다.

출산 예정일까지 진통이 없는 산모에게 해외 의사들은 부부관계를 적극 권한다. 간혹 임신 막달 부부관계가 안좋다는 주장을 살펴보면 질내 상처와 그로 인한 감염을 걱정하지만 임신 중 부부관계는 충분히 부드럽고 조심스럽게 할 텐데 지나친 우려가 아닌가 싶다. 물론 산모가 내키지 않으면 굳이 하지 않아도 무방하다.

임신 중 부부관계 시 유두를 자극하지 말라고 하는데, 임신 막달에는 오히려 유두를 자극하거나 가슴을 마사지 하는 것이 진통을 촉진하는 좋은 방법이다. 만약 이 글을 읽는 산모가 막달이거나 자연분만을 원한다면 꼭 실천해 보길 바란다. 순산 확률을 높일 뿐만 아니라 임신 막달을 조금 더 나은 컨디션으로 보낼 수 있는 '꿀팁'이니까 말이다.

# '남편 덕분에' 출산 잘하는 방법

출산을 앞둔 산모가 가장 걱정하는 존재, 바로 남편이다.

"남편이 출산에 대해 아무 것도 몰라 걱정이에요", "남편을 믿을 수가 없어요", "선생님, 남편 출산 교육 좀 해 주세요"

출산 교실에 오거나 교육 영상을 구매하는 대부분의 산모들은 자신보다 남편 교육이 목적이다. 둘째를 임신한 산모들은 남편 교육이 필수라는 걸 깨닫는다.

"첫째 아이 낳을 때 진통 때문에 아픈데, 하얗게 질린 남편 얼굴 보니까 더 짜증이 났어요."

아내도 처음 겪는 출산 진통이지만 곁에서 그런 아내를 지켜보는 남편은 더 불안하고 무서울 수 밖에 없다. 출산에 대한 막연한 두려움은 아내에게만 있는 게 아니다. 하지만 두려움은 제대로 아는 만큼 줄어든다. 그러니 남편 출산 교육은 선택이 아니라 필수다.

"남편과 함께 출산 과정에 대해 자세하게 알게 되고, 같이 이야기 할 수 있어서 너무 유익한 시간이었어요."

임신 막달 출산 교실 수강 후기는 대체로 비슷하다. 출산이 힘들겠지만 아내 혼자가 아니라 남편과 함께라는 사실만으로도 꽤 의지가 되고 마음이 놓인다. 실제로 교육을 받고 출산한 산모들은 남편의 도움이 없었으면 출산하기 힘들었을 거라고 말할 정도로 남편에게 고마움을 표시한다.

## 출산할 때 ○○은 하고 ㅁㅁ은 하지 말기

임신 막달부터 아내가 출산할 때까지 남편은 아내의 조력자가 되어야 한다. 순산에 도움이 되는 구체적인 행동과 말이 가장 중요하다. 이 모든 것들이 산모의 정서적인 안정과 출산에 큰 영향을 미치기 때문이다. 자, 이제부터 임신 막달과 진통이 막 시작됐을 경우 남편이 조심해야 할 것들을 함께 알아보자.

### 임신 막달 남편이 하지 말아야 할 일

▲ 야식 먹기
▲ 야근 하기
▲ 술 마시기

### 임신 막달 남편이 해야 할 일

▲ 태담
▲ 아내와 함께 운동
▲ 아내의 손과 발 마사지

저녁에 남편이 너무 늦게 퇴근하거나 야식을 먹으면 아내 역시 야식을 먹거나 저녁 식사가 늦어진다. 종종 남편과 오붓한 시간을 보내는 건 좋지만, 습관적으로 야식을 먹게 되면 끊기가 어렵고 수면에 영향을 준다.

또, 막달에 불안하고 초조한 아내를 위해 함께 운동하거나 아기에게 태담을 해주면 순산에 도움이 된다. 출산은 아내 혼자 하는 게 아니라 남편이 함께 하는 과정으로 인식해야 한다. 임신 막달에 붓기가 많은 아내를 위해 저녁에 족욕을 해주거나 손이나 발 마사지도 챙긴다면 아내는 남편이 너무 고마울 것이다. 진통이 시작됐을 때 남편이 해야 할 일은 많다. 하지만 조심해야 할 것부터 먼저 살펴보자.

### ◇ 아내가 진통할 때 남편이 하지 말아야 할 일
▲ 진통 중 진통이 지나갔는지 물어보는 것
▲ 분만 호흡을 가르치는 식의 말투
▲ 잘하고 있다는 격려 대신 더 잘하라고 지시하는 말투
▲ 산모의 진통에 예민하게 반응하기
▲ 진통 초기에 너무 아프다는 아내에게 참으라고 말하는 것

### ◇ 아내가 진통할 때 남편이 하면 안 되는 말
▲ "많이 아파?"
▲ "괜찮아?"
▲ "잘 할 수 있어!"

진통이 시작됐을 때 옆에서 누군가 잘하고 있다고 다독여 주는 건 매우 중요하지만, 진통 중에 산모에게 말 시키는 일은 삼가야 한다. 한창 예민해진 상태엔 매우 거슬리는 일이기 때문이다. 같은 이유로 주무르거나 쓰다듬는 것 역시 조심해야 한다. 간혹 힘들어하는 아내를 다독여 주려고 머리를 쓰다듬거나 아내의 이마 위에 손을 올리는 남편들도 있는데 이 역시 조심해야 한다.

또, 아내가 진통에 너무 아파할 때 너무 깊게 공감하지 않아야 한다. 진통이 지나간 후에 즉각적으로 이완할 수 있도록 도와주는 것이 남편의 일인데, 남편이 진통에 함께 매몰되어 있으면 산모 또한 같이 불안해진다. 또, 아내는 힘든데 "괜찮다"고 하거나 "잘 할 수 있다"는 말 역시 하면 안 된다.

이번엔 아내의 진통이 시작됐을 때 남편이 해야 할 일과 해야 하는 말을 알아보자.

◇ 아내가 진통할 때 남편이 해야 할 일
▲ 아내와 함께 호흡하기
▲ 아내가 쉴 때 함께 쉬기
▲ 진통 올 때 아내 손 잡아주기
▲ 다리나 발 쓰다듬어 주기
▲ 물이나 주스 먹여 주기 (빨대 이용)
▲ 땀 닦아주고 부채질 해주기
▲ 허리 아플 때 천골 눌러 주기
▲ 아기가 잘 내려올 수 있게 자세 도와주기

## ◇ 아내가 진통할 때 남편이 해야 할 말

▲ "(진통과 진통 사이) 어깨 내리고 힘 풀자."

▲ "(진통과 진통 사이, 아내가 힘들어 할 때) 잘 하고 있어."

▲ "(진통 중) 후~(내쉬면서) 호흡하자."

아내의 진통이 시작됐을 때 남편이 해야 할 일은 크게 세 가지다. 첫째, 진통 자세 함께 하기. 둘째, 이완과 호흡 함께 하기. 셋째 정서적 지지. 여기에 마사지도 해주면 도움이 된다. 이런 일을 하기 위해선 분만 호흡을 남편도 미리 숙지해야 하며, 어떤 말이 아내의 긴장을 풀어주는지 평소에 연습해 둬야 한다.

"잘 하고 있다"는 말로 계속 칭찬해주면서, 아내가 진통을 느낄 때 어깨를 내주어 부부가 함께 몸을 움직이고 호흡한다면 아내는 남편이 무척 든든할 것이다. 혼자 하는 진통이 아닌, 부부가 함께 하는 진통은 그만큼 순산할 확률을 높인다.

이러다 보면 남편도 아내 못지않게 지칠 수 있다. 그러니 적절한 휴식과 식사를 챙기는 것도 중요한 일이다. 아기가 잘 내려오는 자세, 허리 아플 때 하는 마사지 요령 등은 로지아 유튜브 채널에도 있으니 꼭 미리 공부하고 출산을 준비하자.

"남편 덕분에 정말 출산 잘 했어요. 도움이 많이 됐어요. 고맙습니다." 라는 피드백을 들을 때마다 남편의 출산 공부와 사전 지식이 얼마나 중요한지 새삼 느낀다. 자, 순산을 돕는 남편이 될 것인가, 방해하는 남편이 될 것인가. 남편 스스로 선택할 수 있다.

지금부터 열심히 출산을 공부하고 준비하자. 출산은 아내 혼자 하는 것이 아니다!

# 자연주의 출산보다 중요한 이것!

해마다 대한민국의 출산율은 줄어들고 그 중에서도 자연주의 출산을 준비하는 산모의 수는 정말 미미한 수준이다. 자연주의 출산은 여전히 '유별나게 출산하는 방식'이라고 생각하는 경향이 강하다. 산모가 일반적인 병원 분만 방식을 따르지 않기 때문이다. 부부가 함께 출산 계획서를 쓰고, 관행 대신 출산 중 응급 상황 또는 의료적인 조치가 필요할 때만 의료적인 도움을 받는 것, 출산의 주체가 병원이 아니라 산모가 돼야 하는게 어쩌면 너무 당연한데도 말이다.

## 계획하고 준비하는 출산의 영역과 불가항력의 영역

자연주의 출산을 준비하는 산모는 자기주도적인 출산을 위해 임신기간에 열심히 출산 공부를 한다. 출산에 대한 이해, 히프노버딩 연습, 임신 중 적정 체중 유지와 꾸준한 순산 운동 등으로 성공적인 자연주의 출산을 바란다. 하지만 모든 산모가 자연주의 출산에 성공하는 것은 아니며, 자신이 원하는 과정으로 실제 출산이 진행되지도 않는다. 로지아 유튜브 채널 실시간 방송에서 어느 산모가 이런 질문을 했다.

"저는 가정출산을 원해서 집에서 진통을 하고 있었는데, 중간에 피가 나오는 바람에 무서워서 병원에 갔더니 자궁문이 7cm가 열렸어요. 병원에 간지 1시간 만에 출산을 했는데, 아쉬워요. 집에 좀더 있었으면 제가 원했던 가정출산을 했을 거에요. 제가 궁금한 건 출산 도중 피가 나와도 괜찮은 건가요?"

나는 그 산모의 질문에 이렇게 답을 했다.

"출산 중 피같은 이슬이나 분비물이 나올 수 있어요. 진통이 계속 오는 중이었으니까요. 하지만 병원에 가서 출산하신 건 잘 하신 거에요. 출산 직후 출혈 등의 이유로 산모가 위험할 수 있고, 아기가 태변을 보는 등의 응급상황이 생길 수도 있으니까요. 원하시는 가정출산을 못하셔서 아쉬우시겠지만, 무엇보다 산모와 아기가 건강하고 안전하게 태어나는 게 가장 최우선이니까요."

산모는 내 답변에 조금이나마 아쉬움이 달래지는 듯했다. 본인의 성격이 완벽주의 성향이라서 가정출산에 더 집착했던 것 같다고. 자연주의 출산을 계획할 때 산모는 병원, 조산원, 가정 중 출산 장소를 어디로 할지 정하고 수중분만 여부 등을 고려할 수 있다. 다양한 외적인 요소들을 계획하다보면 출산 진행 역시 계획대로 될 거라는 기대를 하게 된다. 하지만 출산이 시작된 이후 생겨나는 변수들은 아무도 예측할 수 없다.

본인은 엄살이 많고 아픈 걸 잘 못 참는다는 산모가 출산 당일엔 의외로 진통을 너무 잘 견디는가 하면, 꼭 자연주의 출산을 하겠다고 의지를 다지던 산모는 가진통 초반에 자연주의 출산을 포기하기도 한다. 가정출산이나 조산원 출산을 원했다가 병원에서 낳는 경우도 있고, 수중분만을 원했지만 못하는 경우도 있다. 실제 출산에서는 다양한 변수가 존재하기에 계획대로 출산하기란 쉽지 않다. 자연주의 출산을 결심했으나 그 방식만을 고집하기보다 상황에 따라 유연하게 대처하겠다는 마음가짐을 가지는 게 중요하다.

물론 사전에 이런 점을 충분히 이해하고 있는 부부라고 해도 계획대로 출산이 이뤄지지 않으면 당연히 아쉽다. 제왕절개를 선택한다고 해서 몸이 알아서 자연진통을 막는 게 아니듯 자연주의 출산을 선택한다고 해서 몸이 그에 맞춰 준비하지는 않는다. 출산엔 산모가 준비하고 계획할 수 있는 영역과 그렇지 못한 영역이 분명히 존재한다.

## 자연주의 출산을 준비하는 부부의 마음가짐

자연주의 출산은 산모 혼자가 아니라 남편 역시 적극적으로 개입하게 된다. 임신한 아내와 함께 출산을 공부하고 감통 자세 등 출산 리허설을 마치면 임신 막달에 이르게 된다. 아내의 진통을 함께 느끼고, 옆에서 호흡을 도와주며 아기가 나오는 모든 과정을 출산하는 내내 지켜본다. 자연주의 출산은 산모 남편의 역할이 중요하다.

다음의 다섯 가지 사항은 자연주의 출산을 계획하는 부부에게 꼭 알려주고 싶다.

**첫째, 출산 방식에 너무 얽매이지 말자.** 자연주의 출산을 원했고 산모가 그만큼 노력했던 시간이 있었겠지만 출산을 어떤 방식으로 하든 간에 그 모든 과정에 의미가 있는 것이다. 의료적인 이유가 아니라 산모의 멘탈 붕괴로 제왕절개를 할 수 밖에 없었다고 해도 그 역시 산모의 잘못이 아니다.

간혹 자연주의 출산을 포기하고 산모가 수술을 결정할 때 산모 남편이 이해하지 못하거나 받아들이지 못하는 경우도 있다. 산고를 겪는 당사자는 산모이고, 산모가 할 수 없다고 생각하면 그 선택을 존중해줄 필요가 있다. 따라서, 산모 뿐만 아니라 남편도 자연주의 출산을 선택했다 하더라도 반드시 성공하겠다는 욕심은 접어 두는 게 좋다.

**둘째, 출산의 두려움에 끊임없이 대면하자.** 산모는 임신 막달이 되면 몸은 점점 무거워지고 출산의 두려움은 커진다. 과연 내가 진통을 잘 견딜 수 있을지, 아기를 낳을 수 있을지, 진통이 언제 올지 등에 대한 생각으로 가득하다. 그럴 때마다 두려움이라는 감정은 피하려 하면 할수록 더 강하게 다가온다. 출산을 떠올릴 때 두렵다는 생각이 든다면 원하는 출산의 장면들을 떠올리거나 구체적으로 어떤 부분이 걱정되는지 남편과 이야기를 나누는 것도 방법이다.

**셋째, 임신 막달 또는 출산 중 일어날 상황에 대해 마음을 내려놓자.** 양수량 부족 등의 이유로 유도분만을 하는 경우, 출산 진행 중 아기가 잘 내려오지 않는 상황에서 아기가 태변을 보거나 아기

심박수가 떨어져서 응급 제왕절개를 하는 경우, 진통을 감당하기 힘들어서 자연주의 출산을 포기하는 경우 등 여러가지 상황이 생길 수 있다. 자연주의 출산을 준비하면서 가장 겪고 싶지 않은 것이 바로 수술이다. 하지만 어쩔 수 없이 수술을 해야하는 경우가 생길 수 있으니 자연주의 출산을 계획하지만 수술을 할 수도 있다는 걸 염두에 두자.

**넷째, 호흡과 이완으로 감통 할 수 있다는 믿음을 갖자.** 출산 진통이 아픈 건 사실이다. 아무리 히프노버딩을 연습하고 출산에 대한 의지를 다진다 해도 한 생명이 태어나는 일은 그리 간단하지 않다. 하지만 매 순간 호흡에 집중하며 진통을 흘려 보내면서 출산할 수 있다는 믿음을 가지면 출산 과정을 자연스럽게 받아들일 수 있다.

**다섯째, 출산 계획서를 쓰며 출산에 대한 설렘을 가져보자.** 보통 부부가 함께 출산 계획서를 쓰게 되는데, 회음부 절개 여부 등에 대한 의료 조치, 출산 방의 조명, 아기가 태어난 후 목욕이나 수유 등 여러 가지 항목이 있다. 출산 가방을 임신 37주까지 싸 두고, 출산 계획서 역시 37~38주 사이에 마무리 하게 된다.

본인의 출산을 직접 계획하고 남편과 공유하게 되니 아기를 만날 생각에 들뜨기도 하고 출산이 실감 날 것이다. 출산 계획서 내용을 작성하면서 출산의 과정이 순조롭게 진행되는 걸 떠올리고, 지금까지 잘 준비해온 자신과 남편에게 감사를 전하는 것도 좋다. 출산에 대한 두려움이 조금씩 설렘으로 바뀌기 시작할 것이다.

## 출산 좀 유별나면 어떤가요!

지인 중에 자연주의 출산을 한 사람이 아무도 없는 산모가 자연주의 출산을 한다고 했을 때, 주변의 반응은 회의적이다. '무통주사 없이 진통하는 건 힘들다', '남들이 하는 대로 하지 왜 유별나게 출산하느냐'는 식이다. 하지만 장구한 인류의 역사에서 출산이 의료 영역으로 들어온 건 길어야 2~3백 년이다. 또, 지금의 자연주의 출산 방식은 의료진이 백업을 해주니 위험하지 않다. 무통주사 보다 더 효과가 좋은 욕조 감통, 진통 중이지만 먹고 쉬며 진통 자세를 마음대로 바꿀 수 있는 유연함이 있다. 옵션으로 인간 진통제 둘라와 함께 할 수 있다.

아기에겐 매우 중차대한 탄생의 순간인데, 출산이 좀 유별나면 어떤가? 누가 아이를 대신 낳아 줄 것도, 산고를 대신 겪어줄 것도, 산후 회복 과정을 대신 해줄 것도 아니다. 그 누구의 간섭보다 엄마인 산모의 선택이 우선 되고 존중 받아야 하는 일이다.

# 4부

# *** 리얼 출산 꿀팁 ***

진통은 어떤 느낌일까?

출산할 때 힘주기는 언제 하나요?

혼자 있을 때 진통 오면 어떻게 해요?

둘째 출산은 첫째 출산보다 쉬울까?

아기가 '하늘 본 자세' 자연분만 가능할까?

진통을 허용해 주세요.

# 진통은 어떤 느낌일까?

임신 막달에 접어든 산모들이 가장 많이 궁금해하는 것은 바로 진통의 느낌이다. 진통의 실체는 자궁 근육의 수축이지만, 그것을 딱 와 닿게 표현할 만한 적절한 단어가 없다. 해외 출산 서적에는 "wave"라고 표기되어 있는데, 진통이 파도처럼 서서히 왔다가 서서히 사라지니 파도와 닮았다고 생각한 듯 하다.

진통은 가진통 단계를 거쳐 진진통으로 이어지는데, 가진통에도 단계가 있다. "0단계"는 생리통과 같은 '싸르르' 한 느낌이라면, "1단계"는 잠깐 아픈 듯 했다가 사라지는 정도, "2단계"는 이전보다 좀더 아프지만 참을만한 진통이다. 그럼, 지금부터 가진통에 대해 본격적으로 알아보자.

## 가진통은 몸이 출산을 연습하는 과정

가진통의 가장 특징은 불규칙성이다. 진통 강도, 진통 간격, 진통이 지속되는 시간 등이 그렇다. 진진통을 위한 연습 진통이라고 생각하면 된다. 진통이 오는 듯하다가 끊기기도 하고, 갑자기 센 진통이 시작됐다가 금세 사라지기도 한다. 가진통이란 이름은 진통의 패턴이 일정하지 않고 예측하기 힘들어서 붙여진 게 아닌가 싶다.

가진통 기간은 꽤 길 수 있다. 대신 느릿느릿 온다. 진통에 몸이 충분히 적응할 수 있도록. 가진통에 익숙해질 만하면 진진통이 시작된다. 규칙적인 간격과 강도로 진통이 지속되면서 자궁경부가 서서히 열린다. 가진통 없이 진진통이 바로 시작되는 경우는 없으니 너무 걱정하지 않아도 된다.

## 가진통에도 유형이 있다?

오랫동안 산모들의 출산을 돕다 보니 가진통에도 몇 가지 유형이 있다는 걸 알게 됐다. 밤마다 진통이 오지만 아침만 되면 사라지는 '간헐적 진통형', 계속 무증상이었다가 가진통 시작 후 출산까지 이어지는 '한 방형', 출산 2~3일 전부터 알려주는 '예고형'이다.

산모들은 가진통이 길어지면 초조해하고, 가진통이 없으면 언제 출산할지 몰라서 걱정한다. 하지만 결론부터 말하자면, 가진통이 있든 없든 때가 되면 출산을 하게 되니 너무 조바심 낼 것 없다.

## 전형적인 가진통은 어떻게 진행될까?

모든 출산은 산모마다 다르지만 전형적인 가진통 증상과 단계는 있다. 등산로 입구에서 정상에 오르는 길은 다양하지만 어느 정도 겹치는 길이 있는 것과 같다.

가진통 시작 전 설사를 하거나 화장실에 자주 변을 보러 가게 되고 '싸르르'한 느낌이 어느 정도 느껴지면 이슬을 보게 된다. '싸르르'한 느낌 대신 배가 조였다 풀어지는 자궁수축이 시작되고, 한 시간에 서너 번 진통이 온다. 진통 간격은 6~10분 간격을 오가는데, 6~10분 간격에서 5분 간격이 되기까지 시간이 제법 걸린다. (이때는 6~8분 간격이 되기도 함)

이때 진통 간격만 줄어드는 게 아니라, 진통 강도는 세지고 진통하는 시간도 길어진다. 가진통이 서서히 진진통으로 변하면서 초기 진통은 본격 진통으로 넘어가게 된다. 진진통으로 넘어가면 진통 어플로 잴 필요가 없을 만큼 꽤 규칙적으로 온다.

가진통을 겪으면서 진진통이 얼마나 더 아플지 걱정된다는 산모들도 있다. 하지만 촉진제를 써서 인위적으로 자궁수축을 일으키는 유도분만처럼 급격하게 아프진 않다. 자연 진통은 완만한 곡선으로 진통 강도가 서서히 올라갔다가 내려간다. 몸에 힘을 풀어주며 이완하고 호흡만 잘하면 감통 효과를 볼 수 있다.

## 가진통이 진진통으로 넘어가는 5-1-1 법칙

가진통이 불규칙적이라는 점을 좀더 자세히 들여다 보면 다음과 같은 사실을 알게 된다. 초산의 경우 5분 간격으로 진통이 오기 시작하면 병원에 오라고 하지만, 간격보다 더 중요한 건 진통의 강도와 지속 시간이다. 그런데 산모들이 가장 헷갈려 하는 부분이 바로 가진통 5분 간격과 진진통 5분 간격이다.

가진통 5분 간격일 땐 허리 통증이 자궁 수축과 비슷한 강도로 아프기 때문에, 산모들은 허리 통증인지 자궁 수축으로 아픈 건지 구별하기 어려워 그냥 아플 때마다 진통 체크를 계속한다. 그러다 보면 진통 어플에서 병원으로 빨리 가라는 메세지가 뜨는데, 진통 간격만 가지고 판단을 하기에 이런 혼선을 빚는다. 이렇게 어플에 '낚여서' 병원에 간 산모들은 되돌아오기 일쑤다. 자궁경부는 전혀 열리지 않았거나, 이제 1cm 정도 열린 경우가 많기 때문이다.

가진통인지 진진통인지 구분하는 좀더 정확한 방법은 진통의 강도와 지속 시간을 함께 체크하는 것이다. 중요한 순서대로 꼽자면, 우선 진통 강도, 그 다음이 지속 시간, 마지막으로 진통 간격 순이라고 봐야 한다.

진통이 5분 간격이라면 1분 가까이 지속되는지, 또 그런 상태로 1시간 이상 계속되는지 본 후에 병원으로 출발해도 된다. 이것이 5-1-1 법칙이다. 단, 이 조언은 초산의 경우에 해당하며 경산의 경우는 다르다. 또, 임신 기간에 조산기가 있었던 산모, 과체중 산모, 급속 분만의 경우는 분비물 양상이나 진통이 올 때 가장 아픈 부위가 어디쯤인지 가늠해봐야 더 자세히 알 수 있다.

실제로 필자가 출산을 도운 두 명의 산모는 5분 간격의 진진통임에도 진통 지속 시간을 30~40초로만 체크했다. 진통의 강도 역시 두 산모 모두 낮게 측정했는데, 이럴 때 마지막으로 확인할 것은 진통이 올 때 항문에 힘이 들어가는지, 혹은 진통이 올 때 숨을 멈추고 싶은 충동을 느끼는지 등이다. 만약 이 두 가지 상황이라면 바로 병원에 가야 한다.

## 가진통을 어떻게 받아들이면 좋을까

가진통이 있다고 좋다거나 나쁘다고 할 일은 아니다. 그러니 가진통이 있다면 '내 몸이 출산을 잘 준비 하는구나' 라고 생각하고, 가진통이 없다면 '진통이 시작되면 곧 출산으로 이어지겠구나.' 라고 마음 편하게 생각해보자. 가진통이 전체 출산에서 차지하는 비율은 60~70% 정도다. 특히 처음 출산을 겪는 초산의 경우 많은 준비와 시간이 필요하므로 가진통은 서서히 단계적으로 나타날 수 있다.

가진통이 시작되고 진진통으로 넘어가기 전 해야 할 일은 평소와 다름없는 일상생활을 하는 것이다. 언제 올지 모르는 진진통을 기다리며 어플로 진통 간격을 열심히 재는 것보다, 힘 나는 음식을 먹고 몸을 움직이고 틈틈이 쉬면서 아기에게 태담도 해주고 곧 맞이할 출산을 상상해보면 어떨까? 원하는 출산을 상상할 때 몸은 우리의 생각대로 움직여줄 것이다.

임신 막달에 가진통이 있으면 진진통이 언제 오는지 기다리게 되고, 아무런 증상이 없으면 출산이 늦어질까봐 불안해 한다. 하지만 가진통이 있다고 빨리 낳게 되는 것도 아니고, 가진통이 없다고 출산이 마냥 늦어지는 것도 아니다.

# 출산할 때 힘주기 언제 하나요?

"첫째 땐 진짜 아무 것도 몰랐어요. 진통 오면 병원 가서 낳고, 그게 다인 줄 알았죠."

둘째 임신 33주에 접어든 한 산모가 후회하듯 내게 말한다. 출산 예정일이 되면 당연히 진통이 오고, 양수가 터지고, 병원에 가면 아이를 금방 낳을 줄 알았단다. 진통과 별개로 허리와 치골, 꼬리뼈까지 그렇게 아플 줄도 몰랐고, 자궁문만 열리면 바로 아기가 나오는 줄 알았다고.

초산은 말할 것도 없고, 경산 산모조차 출산 과정을 잘 모른다. 임신 막달이 다가올수록 출산이 두렵고 걱정되지만, 산모가 출산 과정에 사전 지식을 갖고 있다면, 진통이 와도 당황하지 않고 잘 대처할 수 있을 것이다.

## 자궁문 열리는 분만 1기, 아직 멀었다

진통은 보통 '사르르'한 생리통 느낌으로 시작한다. 진통 간격이 점점 줄어들고 강도가 세지면서 가진통이 진진통으로 바뀐다. 가진통이 진진통으로 이어지지 않고 진통이 사라지거나, 규칙적인 배뭉침이 가진통이 되고 진진통으로 이어지기도 한다.

진통은 자궁 근육의 수축을 의미한다. 자궁 수축이 시작되면 위쪽에서 아래쪽으로 근육이 수축하기 때문에 아래쪽에 있는 자궁경부는 위쪽으로 당겨진다. 산모들은 누가 아래를 잡아당기는 느낌이 든다고 표현하는데 이때 자궁경부 길이가 짧아진다. 자궁경부가 점점 부드러워지고 얇아지면서 열린다. 분만 1기 중 준비기는 진통이 오고 자궁경부가 3cm 정도 열릴 때까지를 말하는데, 이 과정은 가진통을 겪으며 진행된다. 준비기 이후부터 자궁경부가 10cm 열릴 때까지가 분만 1기에 속한다.

자궁경부가 다 열리는 단계가 분만 1기, 아기가 산도를 다 내려와서 태어나는 게 분만 2기, 아기가 태어난 후 태반이 나오는 단계가 분만 3기다. 분만 1기 중 준비기(혹은 잠재기)를 집에서 잘 보내고 병원에 왔다면 무통주사를 맞을 수 있다.

진통이 와서 분만실로 가면 가장 먼저 태동검사와 내진을 시행한다. 입원이 결정되면 두 시간에 한 번씩 태동검사를 하면서 자궁수축이 잘 오는지, 아기 심박수나 움직임은 양호한지 의료진이 체크한다. 이후 산모가 너무 아파하거나 출산이 어느 정도 진행됐다 싶을 때 내진해서 자궁경부가 열린 정도와 아기가 내려온 정도를 확인한다.

"선생님, 너무 아파요. 저 언제 낳아요?"

진진통에 접어든 산모가 가장 많이 하는 말이다. 아직 자궁경부도 더 열려야 하고 아기도 내려와야 하므로 알 수 없다. 특히 초산의 경우, 자궁경부가 다 열려도 아기 내려오는 시간이 걸리기 때문에 그야말로 때에 따라 다르다. 하지만 경부가 빨리 열리면 아기도 빨리 내려온다. 경산은 초산보다 아기가 빨리 내려와 전체 출산 시간이 초산보다 적게 든다.

가진통이 진진통 보다 더 아팠다는 산모도 있지만, 출산이 진행되면서 산모들이 가장 아프다고 하는 구간이 두 번 정도 있는데 바로 자궁문이 3~4cm 열릴 때와 7~8cm 열릴 때다. 둘라 경험상 자궁문이 7~8cm 정도 열렸을 때 양수 파수가 되는 경우가 많은데, 양수 파수 후 수축 강도가 더 세지는 편이다. 양수가 터지면 호르몬이 바뀌면서 진행 속도가 빨라지고 아기도 더 잘 내려온다. 양수 터지기 전부터 몸에 힘이 들어가기 시작해서, 파수 이후 진통이 올 때마다 몸에 힘이 들어간다.

이때 최대한 몸에 힘을 빼야 한다. 분만 빨리 끝내고 싶어서 힘주는 산모들도 있는데, 몸만 축날 뿐 아무 소용 없다. 자궁문이 다 열린 후 아기 머리가 나오는 타이밍에 힘줘야 한다.

## 힘 잘 주는 요령: 항문을 향해 길게, 지긋이, 밀어내듯

자궁문이 다 열리고 아기가 태어나는 분만 2기. 분만 1기가 끝나면 대부분 아기 머리가 골반 아래쪽으로 내려오지만, 여전히 골반 높이에 있는 경우도 있다. 분만 2기가 천천히 진행된다면 2~3시간 정도 걸릴 수 있고, 빠르면 40분~1시간 정도 걸리기도 한다.

아기가 많이 내려와 있거나, 빠르게 진행되는 출산이라면 힘주기 두세 번 만에 아기를 낳기도 한다.

출산이 빠르게 진행되는 경우 의료진이 회음부 소독과 아기를 받기 위한 소독포 등을 준비해야 하므로 먼저 힘주기를 해도 되는지 확인해야 한다. 또, 분만 2기의 시간을 줄이기 위해서는 분만 1기 동안 최대한 골반을 이완하고 움직여서 아기의 하강을 도와줘야 한다.

산모가 힘을 주면 아기에게 일시적으로 산소 공급이 줄어든다. 따라서, 진통이 없을 때는 최대한 호흡하면서 아기에게 산소 공급을 잘 해줘야 하고 너무 오래 힘주는 것도 좋지 않다. 힘을 줄 때는 깊게 숨을 들이쉬고 변을 보듯이 항문쪽으로 힘을 주면 되는데 '길게 지긋이' 밀어내듯 주면 된다. 강하게만 힘을 주면 몇 초 만에 힘을 다 써버리고, 골반 쪽으로 힘이 들어가지 않는다.

힘주기에도 타이밍과 자세가 있다. 강한 진통이 느껴지거나 몸에 저절로 힘이 들어갈 때, 그걸 이용해서 힘을 보태면 된다. 힘주기 자세는 몸을 동그랗게 만다는 생각으로 머리를 들어 배꼽을 바라보고, 허벅지 아래쪽에 손을 넣어 팔을 옆구리 쪽으로 잡아당기면 된다. 힘을 줄 때마다 아기가 산도를 타고 아래로 조금씩 내려온다는 상상을 하면 도움이 된다.

힘을 주다가 회음부로 아기 머리가 보이고, 어느 정도 머리가 나왔을 때, 의료진이 힘을 빼라고 하면 힘주기는 멈춰야 한다. 힘주기가 끝나면 숨이 가빠지고 호흡이 거칠어지는데, 의식적으로 천천히 호흡하도록 노력해야 한다. 아기는 태어나는 순간까지 태반 호흡에 의존하므로 산모의 원활한 호흡이 무엇보다 중요하다. 이때 산모 곁에 있는 보호자가 산모의 호흡이 차분해지도록 토닥여주는 게 좋다.

## 아기 탄생 후, 태반이 나오는 분만 3기

아기를 낳은 후부터 태반이 나오는 시기를 분만 3기라고 한다. 임신 중 아기에게 혈액, 영양, 산소를 공급하던 태반은 이제 제 할 일을 다 하고 자궁벽에서 떨어져 나간다. 출산은 아기만 잘 나왔다고 끝나는 게 아니다. 태반까지 잘 나와야 정상적으로 잘 끝났다고 보는데, 태반은 아기 출생 후 30분 이내 나오는 편이다.

간혹 30분이 지나도록 태반이 안 나오는 일도 있다. 이땐 별도의 의료 조치가 필요하다. 어떤 산모는 대학병원으로 옮겨져 촉진제까지 맞으며 태반이 나오길 기다렸는데, 다음날 아침에야 태반이 나왔다고 한다. 만약 태반이 영 안 나오면 수술을 해야 한다. 백 명 중 한 명꼴로 이런 일을 겪는다.

분만 3기에서는 태반까지 나온 후 의사가 회음부 절개 부위를 봉합하고, 태반이 깨끗하게 잘 나왔는지 출혈 여부를 체크한다.

## 출산 직후, 산모의 달라지는 몸

자, 이렇게 아기도 잘 나왔고 태반도 잘 나왔다. 이제 어떻게 몸을 관리해야 할까?

첫 번째, 출산 후 자궁은 본래 크기로 돌아가기 위해 계속 수축한다. 이것을 '훗배앓이'라고 한다. 초산은 하루에서 이틀, 경산은 사나흘 정도 훗배앓이를 한다. 배가 아프다고 온찜질은 하지 말고, 필요하다면 진통제를 요청해도 된다. 출산 후 산모의 자궁 수축에 도움되는 마사지를 분만실 간호사나 조산사가 알려줄 것이다.

두 번째, 출산 직후 산모는 보호자 없이 혼자 일어나거나 걸어선 안 된다. 일시적인 어지러움이나 빈혈이 올 수도 있고 진통하느라 체력이 많이 저하되어 있기 때문이다. 출산하느라 힘들었던 몸과 마음을 추스르는 게 중요하다.

세 번째, 출산 후 물을 많이 마시고, 네 시간 내에 첫 소변을 봤다면 간호사에게 알리자. 물은 한꺼번에 마시지 말고 조금씩 자주 마신다.

네 번째, 회음부 절개 부위는 약 1주일 정도 지나면 나아진다. 출산 다음 날부터 좌욕을 잘 챙겨서 하면 된다.

다섯 번째, 샤워는 출산 다음 날부터 따뜻한 물로 가볍게 하고, 가벼운 체조와 걷기로 산후 회복에 신경 쓰자.

지금까지 진통이 시작되는 분만 1기부터 태반이 나오는 분만 3기까지 알아봤다. 출산 당일 조심해야 할 것들과 그 밖의 증상들을 참고해서, 남은 임신 기간에 자신이 원하는 출산의 모습들을 상상하고 순산 에너지를 모아보자!

# 혼자 있을 때, 진통오면 어떻게 해요?

"집에 혼자 있는데 진통이 오면 어쩌죠? 뭐부터 하면 되나요? 가진통에서 진진통으로 넘어갈 때까지 그냥 기다리면 되나요?"

출산 교실에 모인 산모들이 자주 묻는 질문 중 하나다. 임신 막달에 가까울수록 몸은 점점 무겁고 하루라도 빨리 출산하고 싶다. 하지만 대부분의 산모는 막상 진통이 시작되면 긴장하고 당황한다. 초산은 5분 간격으로 진통이 올 때, 경산은 10분 간격으로 진통이 올 때 병원에 가라는 말만 들었을 뿐, 초기 진통이 규칙적인 진통으로 바뀔 때까지 뭘 하면 좋을지 모르기 때문이다.

## 출산 앞둔 산모가 불안한 이유는 대부분 '막연함' 때문

내가 가장 권장하는 것은 일상생활을 하며 지내는 것이다. 진통이 시작되면 "이제 곧 아기가 나오겠구나." 하는 마음에 조바심이 나서 병원에 빨리 가고 싶겠지만, 그럴수록 오히려 마음을 느긋하게 갖는 것이 좋다. 일상적으로 생활하며 잘 먹고, 잘 자고, 잘 움직이기를 반복하면 순산할 확률이 높아진다.

그렇다면 어떻게 먹어야 잘 먹는 것인지, 왜 잘 쉬고 잘 자야 하는지, 또 언제 움직이며 운동해야 하는지 함께 알아보자.

출산을 앞둔 산모들은 자연분만을 하고 싶어도 진통이 얼마나 아플지 몰라 두렵고 걱정된다. 그러나 이런 불안한 마음은 '막연함' 때문이다. 출산 진통의 실체는 자궁 근육의 수축이며, 근육이 수축할 때 산소가 부족해지기 때문에 아픈 거라고 설명해주면 탄식을 쏟아낸다.

우리 몸의 근육은 어떤 동작을 취하거나 운동할 때 수축과 이완을 반복하는데, 출산할 때가 되면 자궁 근육은 본격적으로 수축과 이완을 한다. 자궁 근육이 수축과 이완을 반복하는 동안 산모는 체력 소모가 많아진다. 출산 진통을 흔히 마라톤에 비유하는 것도 이런 이유다. 진통할 땐 체력 소모 뿐만 아니라 심리적인 부담을 느끼게 되는데, 이때 적절한 수분과 영양을 섭취해야 한다.

일전에 상담한 산모는 새벽 3시에 잠에서 깨면 6시까지 못 잔다고 했다. 그 시간에 뭘 하느냐고 물었더니 맘카페에서 산모들의 출산 후기를 본다고 했다. 대부분의 산모는 막달이 되면 불안과 걱정이 많아진다. 그런데 그 불안과 걱정을 더 키우는 것은 요즘 말로 'TMI(Too Much Information)' 때문이다.

출산은 산모와 아기마다 다르다. 그런데 좋은 이야기보다 안 좋은 이야기가 더 많은 출산 후기를 읽고 있으면 잘 할 수 있겠다는 생각보다 '내가 잘 할 수 있을까?'라는 의심이 들기 십상이다.

마라톤에 참가하는 선수는 최소한 자신이 뛰어야 하는 마라톤 코스를 미리 알고 준비한다. 출산도 마찬가지다. 출산 진행 과정은 개인마다 다르지만, 최소한 진통의 단계와 조치 방법 등을 알고 있어야 진통을 겪을 때 조금이라도 편안한 시간을 보낼 수 있다. 드라마에서처럼 양수가 터지자마자 진통으로 아프고 바로 아기가 뿅~ 하고 나오는 일은 현실에서 일어나지 않는다.

## ● 진통의 유형 두 가지

앞서 말했듯 출산 진행 과정은 매우 다양하지만, 둘라로 활동해온 나의 경험상 크게 두 가지로 나눠볼 수 있다. 기준은 가진통의 유무다.

우선 가진통이 지속해서 오는 경우, 대부분 밤에 진통이 왔다가 아침이 되면 사라진다. 이때 산모들이 무척 괴로워한다. 낮에 잠을 보충해서 자야 하지만 잠이 잘 안 오는 데다가, 밤에 다시 진통할 걸 떠올리며 언제 진진통 단계로 넘어갈지 기다리다 지치기 때문이다.

밤마다 진통으로 잠을 못 자면 체력적으로 힘들뿐만 아니라 심리적인 압박도 느낀다. 왜 아침만 되면 진통이 사라지는지, 가진통을 오래 해서 아기가 위험해지는 건 아닌지 걱정도 되고, 심지어 왜 이렇게 애가 안 나오나 하는 마음에 원망이 생기기도 한다.

그래서 나는 산모에게 진통이 시작됐다면 최대한 잠을 청하라고 한다. 잠이 오지 않더라도 괜찮다. 자는 척 하는 것만으로도 이완할 수 있기 때문이다. 이완하며 조는 것을 시도해보고, 샤워, 족욕,

어깨 찜질 등으로 몸의 긴장을 푼 후 명상 음악을 틀어놓고 휴식을 취하면 도움이 된다. 따뜻한 음식이나 차를 마시는 것도 이완하는 방법 중 하나다.

몸의 긴장이 풀리면 마음 상태 또한 안정된다. 자거나 쉬고 나면 배가 고파지니 단백질 음식을 잘 챙겨 먹는 것도 중요하다. 만약 진통이 시작된 후에 잘 못 자면 경직된 상태로 지내기 때문에 진통이 온다 해도 자궁경부가 잘 열리지 않고, 음식 섭취를 잘 못하는 경우 역시 체력적 한계를 느끼게 된다. 그러니 평상시와 똑같이 먹고 자면서 컨디션을 챙기도록 노력해 보자.

잘 먹고 잘 쉬고 있다면 진통과 진통 사이 운동을 해보자. 도움이 된다. 산부인과에서는 산모에게 "자연분만 하려면 많이 움직여야 합니다", "아기를 크게 키우지 않으려면 운동 많이 하세요", "운동 열심히 해서 이번 주에 낳아봅시다." 라는 말을 많이 한다. 그만큼 몸의 움직임은 중요하다.

진통이 오기 전에 하는 운동이나 움직임은 골반을 유연하게 하고, 산모의 체력을 높이며, 산모의 체중을 적절하게 유지하는 데 그 목적이 있다. 진통이 시작된 후 운동은 아기가 산도를 잘 통과해 내려오게 도와주기 때문에 진통 시간을 줄이는 효과를 볼 수 있다. 집에서 진통하는 시간은 가진통일테니 걷기, 런지, 스쿼트 등 산도를 넓히는 동작을 하면 좋다.

### ● 진통 중에는 호흡, 아기가 산도를 내려오는 상상

출산은 호흡이 중요하다. 그렇다면 호흡을 언제 어떻게 해야할까? 진통 중엔 호흡이 끊기지 않게 하는 게 중요하고, 진통이 사라진 후엔 충분히 심호흡하며 이완하는 것이 중요하다. 진통은 자궁 근육이 수축하고 있는 상태다. 그러므로 진통 중 안정적인 호흡은 혈관에 산소를 원활하게 공급해 진통을 덜어 주는 효과가 있다. 진통이 사라진 후 심호흡은 내쉬는 숨을 길게 하면 되는데, 이 호흡은 진통 중 긴장한 근육을 풀어주는 데 그 목적이 있다.

만약 진통이 가신 후에도 이완이 잘 안 된다면 진진통 상태라고 보면 되고, 진통이 사라졌을 때 멀쩡하다면 가진통으로 보면 된다. 물론 긴장해서 몸에 힘이 많이 들어가 있다면 가진통 상태에서도 진통이 사라진 후 계속 경직되고 근육통을 느낄 수도 있다.

자연진통으로 출산할 줄 알았는데 조기에 양수가 터지거나 유도분만을 하게 되는 산모들에게 주는 순산 꿀팁은 바로 '심상화'다. 아기가 산도를 타고 계속 내려오는 상상과 자궁경부가 연꽃이 피듯 활짝 열린다고 생각하면 출산 진행이 더 잘된다. 우리 몸과 마음은 하나이니까.

둘라 로지아 유튜브 채널의 영상 중 '유도분만 잘 걸리는 히프노버딩'에는 "이 영상 덕분에 순산했다"는 산모들의 댓글이 유난히 많다. 실제 출산 현장에서도 나는 산모들의 출산을 도우며 자궁경부가 열리거나 아기가 내려온다는 멘트를 반복한다. 산모의 심상화를 돕는 것이다. 마음 속으로 잘 떠오르지 않을 수도 있지만, 단지 의식하는 것만으로도 효과가 있으니 꼭 해보길 바란다.

마지막으로 진통이 왔을 때 해야 할 일은 출산의 두려움을 내려놓는 것이다. 진통이 시작되면 기대감이 반 긴장감이 반이다. 그동안 인터넷에서 찾아본 출산 후기도 생각나고, 임신 기간 중 겪었던 일들도 떠오른다. '진진통으로 넘어가며 더 아플 텐데 견딜 수 있을까' 라는 생각도 쓰나미처럼 밀려올 것이다.

하지만 두려움을 떨치기 위해 바쁘게 움직이거나 두렵지 않다고 부정하기보다, 두려운 감정의 에너지가 흘러가도록 편안하게 호흡하며 1분 명상을 해보자.

## 〈 진통이 시작된 산모가 해야 할 일 〉

▲ 잘 챙겨 먹기

▲ 잘 쉬거나 잘 자기

▲ 샤워기로 물을 맞거나 찜질 등으로 몸을 이완하기

▲ 진통과 진통 사이 충분히 이완하고 움직이기

▲ 진통 중에는 심호흡으로 감통하기

▲ 아기가 산도를 타고 내려오는 심상화 하기

▲ 두려움 내려놓기

# 둘째 출산은 첫째 출산보다 쉬울까?


둘째는 첫째 출산보다 좀 더 수월할까요? 첫째 아이를 39주에 낳았는데 둘째 아이 출산 시기도 비슷할까? 경산모 역시 초산모 못지않게 궁금한 게 많다. 출산은 늘 새롭고 떨리는 일이니까.

일반적으로 경산은 첫째 출산보다 뭐든 빠른 편이다. 배가 커지는 것도, 임신 주수별 증상도, 임신 막달에 가까울수록 힘들어 지는 것도. 나 역시 그랬다. 둘째 아이는 임신 5개월부터 만삭배처럼 컸고 첫째 임신 때보다 나이가 들어서 그런지 체력도 달렸다. 나 뿐만 아니라 대부분의 경산모들이 이구동성으로 둘째 임신기간이 더 힘들다고 말한다.

맘카페에 자주 올라오는 경산모들의 걱정은 비슷비슷하다. 치골통이나 요통을 더 빨리 겪고, 임신 막달 증상도 더 뚜렷하게 나타난다. 물론 경산이라고 다 똑같진 않지만, 초산보다 더 많은 관리와 준비가 필요한 건 사실이다. 대부분의 산모들이 '둘째는 첫째보다 더 준비를 잘해서 낳아야지.' 라고 결심하지만 현실적으로 어렵다. 첫째 아이를 키우며 뱃속의 아기도 돌봐야 하니 결코 녹록치 않다. 그렇다면 둘째 출산은 어떻게 준비해야 할까?

## 경산모에게 식단관리는 선택이 아닌 필수

임신 기간을 건강하게 보낼 수 있는 가장 빠른 방법은 식단관리다. 하지만 대부분의 경산모들은 아이 밥에 신경 쓰느라 본인 밥은 잘 못 챙긴다. 낮에는 배고프지 않을 정도로 끼니를 때우고 아이가 자고 난 늦은 시간에 제대로 된 식사를 한다. 하지만 이런 식사 패턴은 먹는 양에 비해 체중이 늘고, 늦은 식사가 수면을 방해한다. 운동할 시간은 없고 체력은 점점 떨어진다.

언제 임신하고 출산을 하든 경산은 초산보다 여러가지로 힘들다. 또 초산에 비해 임신성 당뇨, 부종, 임신성 고혈압 등의 위험성이 더 크기 때문에 평소 식단관리는 선택이 아니라 필수다.

경산모의 식단관리는 의외로 간단하다. 외식이나 배달음식 또는 패스트푸드와 같은 음식은 최소화하고 기본적으로 채소를 잘 챙겨먹으면 된다. 임신 기간 먹어야 하는 일일 단백질량(60~80g)에 맞춰 신경 써서 먹기 위해서 동물성 단백질과 식물성 단백질을 골고루 챙겨먹어야 한다.

간식 같은 식사가 아니라 탄수화물, 단백질, 지방의 균형을 잘 갖춘 식단으로 하루 세 번 먹어야 한다. 아침이나 점심을 직접 해먹기가 힘들다면 밀키트를 구매하거나 샐러드 도시락을 주문해서 식사 준비 시간을 줄이는 것도 좋은 방법이다.

## 임신성 당뇨(이하 임당) 피하는 방법 5가지!

이전 임신에서 임당이 있었다면 또 다시 임당이 올 확률이 높다. 하지만 첫째 때 없던 임당이 생기거나, 임당까진 아니지만 임당을 아슬아슬하게 통과했다면 식단에 신경 써야 한다. 혈당을 올리는 원인은 수분 부족, 수면 부족, 아침밥 건너뛰기, 스트레스 등 다양하다. 임당을 피하는 방법을 알아보도록 하자.

**첫째, 임당을 피하는 가장 좋은 방법은 혈당 스파이크가 생기지 않게 하는 것이다.** 임산부에게 아침식사는 생각보다 매우 중요하다. 아침을 거르고 점심과 저녁을 먹으면 혈당 스파이크가 튀고 저녁에 과식할 확률이 높아진다. 저녁식사를 소화시키느라 잠자는 시간이 늦어지면 대사가 느려진다. 결과적으로 먹는 양에 비해 체중이 증가하고, 임신 후기로 갈수록 부종이 심해지며 전반적으로 컨디션이 저하된다. 그러니 아침밥은 탄수화물로 꼭 챙겨 먹자.

**둘째, 아침밥 먹는 습관을 들였다면 수분이 부족하지 않도록 물을 자주 마셔야 한다.** 입이 자꾸 마르거나 입술이 건조하다면 하루에 어느 정도의 수분을 섭취하는지 체크해 봐야 한다.

**셋째, 충분한 숙면이다.** 최소 자정 전까지는 잠자리에 들고 하루 8시간 정도는 자야 한다. 임신 후에도 새벽 2시나 3시에 잠들면 어지럽거나 소화가 잘 안되는 등 컨디션 난조를 겪을 수 있다.

**넷째, 스트레스 관리다.** 우리 몸에서 나오는 호르몬 중에 가장 강력한 게 바로 스트레스 호르몬이다. 임신하면 조금씩은 더 예민해지고 걱정도 많아지는데, 그럴 때마다 '명상'과 '이완'을 통해 내려놓는 연습을 하는 게 좋다. 무엇보다 나만 그런 게 아니라고 생각하면서 자책하지 말아야 한다.

**마지막으로 충분한 식이섬유 섭취다.** 임당이 걱정돼서 무조건 탄수화물을 줄이기보다 당이 천천히 흡수 되도록 흰쌀이나 밀가루 대신 복합 탄수화물과 식이섬유를 챙겨먹는 게 중요하다.

## 임신 막달에는 순산 운동에 집중!

임신 중기까지 식단 관리를 잘 했다면 임신 막달에는 운동에 신경 써야 한다. (특별히 조산기 같은 문제가 없다면 임신 안정기인 13주 정도부터 걷기와 함께 가벼운 근력 운동을 해주는 게 좋다.) 첫째 출산 후 살이 다 빠지지 않은 상태에서 둘째를 임신했다면 과체중 산모가 될 수 있다. 이런 경우 임신 안정기인 임신 중기부터 꾸준하게 운동하면서 체중 관리를 하는 게 중요하다. (과체중 산모의 경우 임신 전보다 증가되는 최대 몸무게는 약 6kg 정도이다.)

작년에 출산한 경산모의 사례를 살펴보자. 그는 첫째 임신 중 필라테스 등 여러 운동을 열심히 했다. 몸에 근육량은 어느정도 있는 상태였지만 첫째를 임신했을 때 쪘던 살이 다 빠지지 않은 채 둘째를 임신했다. 첫째는 양수 파수 후 자연분만을 했지만 둘째는 꼭 자연주의 출산을 하고 싶어서 임신 후기부터 아쿠아로빅을 시작했다. 운동량을 늘리기 위해 물속에서 걷기와 스쿼트를 남들보다 30분씩 더했고 그 덕분에 둘째 출산 진행은 매우 순조로웠다.

경산은 여러 가지로 초산에 비해 더 힘들 수 있지만, 자연분만의 경험이 있고 운동으로 임신 막달에 체력 관리를 잘 한다면 초산보다 쉽게 출산 할 수 있다.

## 출산 진통이 두려울 때 '초산의 기억'을 소환해 보자

초산과 경산의 큰 차이 중 하나는 아마도 진통 시간일 것이다. 초산일 때 병원에서 10~12시간 진통 했다면, 경산은 그 시간의 50~70%만 진통하고 낳는 경우가 많다. 경산이 초산보다 빠르다는 것은 출산일이 아니라 진통 시간을 의미하는데, 초산에 질식분만 경험이 있는 경산모에 한해서 그렇다. 경산모의 출산이 초산에 비해 빠른 것은 자궁경부가 열리는 동시에 아기가 산도를 타고 내려오기 때문이다. 예를 들어, 경산모는 자궁경부가 7cm 열린 상태에서 몸에 힘이 들어가면 그 때부터 아기가 산도를 타고 밀고 내려온다.

이에 반해, 초산모는 자궁경부가 다 열려도 아기가 산도를 다 내려오지 않고 높이 있는 경우가 있다. 물론 초산인데 경산처럼 빠르게 진행되거나 경산인데 초산처럼 출산하는 경우도 있긴 하다. 정확한 이유는 알 수 없지만, 초산 때 출산 진행이 너무 빨라서 힘들었던 산모는 둘째 출산 진행을 늦추는 것일지도 모른다.

경산모의 출산을 돕다 보면, 초산의 기억이 그들의 무의식에 얼마나 강력하게 남았는지 알 수 있다. 빨리 낳고 싶긴 한데 진통을 다시 겪는 것이 무섭다던 경산모는 자궁문이 4cm 열렸을 때 진통이 사라졌다. 한참동안 산모와 이야기 해보니 첫째 아이를 출산할 때 너무 아프고 힘들었다고 한다. 결국, 산모의 마음에서 진통을 허용하고 그것을 몸으로 받아들이고 나서야 다시 진통이 이어져 출산할 수 있었다.

첫째를 낳을 때 병원에 온지 2박 3일만에 아이를 낳았다던 어느 산모는 둘째를 출산할 때 약한 가진통만으로 자궁문이 4cm까지 열렸다. 하지만 태동 검사를 해보니 자궁수축이 크게 잡히지 않아서 담당 의사는 산모에게 일단 집에 가고 진통이 오면 다시 병원에 오라고 했다. 나는 그 산모와 긴 대화를 나눴다.

이 산모가 자연주의 출산을 선택한 이유는 주사를 맞으며 침대에 꼼짝없이 누워서 진통하는 게 싫어서 였다고 했다. 그리고 그는 여전히 출산 진통이 무섭다고 했다. 그런 마음 때문인지 진진통 단계에서도 진통이 약했고 출산 진행도 느렸다. 그런 사정을 알게 된 나는 그의 남편과 함께 진통 중인 산모를 끊임없이 응원하며 출산을 끝까지 할 수 있도록 용기를 북돋아줬다.

종종 알 수 없는 이유로 출산이 매끄럽게 진행되지 않을 때, 산모와 긴 이야기를 나눠 본다. 산모가 이전 출산을 어떻게 기억하고 있는지, 그 기억이 현재의 출산에 어떻게 반영 되고 있는지 이야기 하다 보면 다시 진통이 찾아온다.

임신 막달에 출산을 도와줄 남편이나 지인과 이런 이야기를 나누면 출산에 도움이 될 것이다. 출산할 때 산모 마음에 걸렸던 일이 무엇인지, 피하고 싶거나 두려웠던 일이 무엇인지 알고 나면 산모 스스로도 출산에 대한 부담감이 한결 줄어들 수 있다.

## 경산모는 유도분만이 잘 될까?

초산모와 경산모 중 어느 쪽이 유도분만 성공 확률이 높을까? 사실, 초산모보다 경산모가 유도분만 성공 확률이 더 높다고 단정지어서 말하기는 어렵다.

하지만 이쑤시개 하나 들어갈 틈만 있는 초산모의 자궁경부와 달리 경산모의 자궁경부는 연필 하나 들어갈 정도는 열려있다. 경산모가 임신 막달에 병원에서 내진을 받으면 자궁경부가 1~2cm 열려 있는 것은 흔한 일이고, 배뭉침만 잦아도 2cm까지 열린다. 그러니 아무래도 초산에 비해 유도분만에 유리할 것이다.

하지만 초산이나 경산에 상관없이 유도분만 성공확률을 높이려면 유도분만 시기를 최대한 늦추고(그러다가 자연진통이 오기도 한다) 유두 자극이나 부부관계를 통해 자궁수축을 유도하는 게 좋다. 아기가 골반 아래로 잘 내려오도록 꾸준히 운동하면서 심상화를 하는 것 역시 도움이 된다.

## ● 산모의 건강은 행복한 육아의 '선결 조건'

아이를 낳고 끝나는 게 아니다. 산후 회복이 기다리고 있다. 경산모는 이제 갓 태어난 아기를 돌보는 것은 물론, 첫째 또는 둘째 아이까지 신경 써야 하므로 체력이 많이 필요하다. 지인이나 산모들의 이야기를 들어보면, 첫째보다 둘째나 셋째 출산 후 회복이 더 힘들었다고 한다.

나도 그랬다. 둘째를 낳은 후 머리가 빠지고 오로가 나오는 기간이 더 길었고, 첫째 때와 다르게 몸이 힘들었다. 도저히 안되겠다 싶어서 산후 보약도 먹고 100일 후부터 운동을 시작했는데, 바로 필라테스다. 필라테스는 본래 재활 운동인 데다 근육량이 적은 나에게 딱 맞았다. 코어 근육을 키우면서 요통도 없어지고, 뼈마디가 아픈 증상들도 차츰 나아졌다.

둘째를 낳은 엄마는 마음 놓고 산후조리원에도 못 간다. 여전히 엄마의 보살핌이 필요한 첫째 아이와 오래 떨어져 있는 게 못내 마음에 걸려서 집에서 산후조리를 한다. 하지만 아무리 노력해도 첫째 아이와 엄마 사이에 갈등과 틈이 생기고, 첫째는 엄마 몰래 동생을 괴롭혀서 울리기 일쑤다.

몸 뿐만 아니라 마음까지 힘든 육아의 시작이다. 하지만 육아는 장기전이니까 이럴 때 일수록 엄마는 자기 자신을 우선적으로 챙겨야 한다. 경산이 초산보다 쉽다고 하지만, 마냥 쉬운 출산은 없다. 떨리지 않는 시험이 없듯 출산은 누구에게나 긴장되는 일이다. 그러니 경산모라면 더 열심히 출산을 준비하고 몸을 챙겼으면 한다. 엄마가 건강해야 행복한 육아도 가능하니까.

# 아기가 '하늘 본 자세'
# 자연분만 가능한가요?

맘카페에 "아기가 하늘 본 자세라서 제왕절개 했어요"라는 글이 종종 올라온다. '아기가 하늘 보는 자세'란 무엇일까? 아기의 얼굴이 엄마의 등을 향해 있어야 하는데, 그와 반대로 아기가 엄마 배를 바라보고 있다는 의미다. (통상적인 병원분만에선 산모의 배가 천장을 향한 자세로 분만하기에, 아기도 하늘을 보고 있는 자세라 말하는 것이다.) 의학 용어로는 'OP 포지션(occiput posterior fetal position)'이라고 한다. 완전히 앞이 아닌 살짝 오른쪽이나 왼쪽을 보고 있는 자세 역시 하늘 본 자세에 해당하며 모두 OP 포지션, P 포지션 이라고도 부른다.

## 왜 'OP 포지션'이 될까?

역아와 마찬가지로 정확한 이유는 알 수 없다. 하지만 막달에 아기가 상대적으로 작을 때 (3kg 이하) 그럴 수 있다. '아기가 작으면 무조건 좋은 거 아닐까?'라고 생각하는 산모들이 많지만 실제로는 그렇지 않다. 진통이 시작되면 자궁경부는 부드러워지고 얇아지며 서서히 열린다. 이때 아기는 고개를 뒤로 젖히는 동작을 반복하면서 엄마의 골반을 통과 하는데, 아기가 작으면 엄마 골반 안에서 자세가 바뀌기 쉽다.

출산 중 산모가 "악" 소리를 낼 만큼 극심한 허리 통증을 호소한다면 OP 포지션을 의심해 볼 필요가 있다. 아기의 얼굴이 완전히 엄마 배 쪽을 향하는 경우 또는 살짝 오른쪽이나 왼쪽을 보고 있을 수도 있다. 아기가 OP 포지션일 때 산모의 허리가 그렇게 아픈 이유는 뭘까? 아기는 산도를 내려올 때 (정상 자세일 땐) 치골을 베개 삼아 고개를 뒤로 젖히는 동작을 반복하기 때문이다. 이것은 출산 과정에서 태아의 본능적인 동작이다. 태아는 사실 굉장히 부드럽고 천천히 고개를 뒤로 젖히지만 산모의 허리는 끊어질 듯 아프다. 태아의 이 동작이 산모의 요추 신경을 압박하기 때문이다.

## 아기가 OP 자세라면 '북극곰'과 '다운독'을 부지런히!

아기를 정상위(아기의 얼굴이 엄마 등을 보는 자세)로 돌리려면 산모가 '북극곰 자세(머리는 바닥 쪽으로 하고 엉덩이는 높게 들어올린 자세)'나 '다운독 자세'를 취하면 된다. 이 두 자세의 특징은 아기의 무게중심을 바꾼다는 것이다. 산모가 엉덩이는 높게 머리는 낮게 자세를 취하여 태아가 자세를 바꿀 수 있게 돕는다. 요가에서 취하는 다운독 자세의 정석은 팔을 쭉 뻗어야 하지만, 산모는 그럴 필요 없이 편한 자세로 머리가 바닥을 향하게 하면 된다.

한편, 임신 30주까지는 아기가 아직 작으므로 OP 포지션이 문제되지 않는다. 하지만 36주 이후에도 계속 아기가 OP 포지션이라면 북극곰 자세나 다운독 자세를 적극적으로 취해서 아기 위치를 바로 잡아야 한다.

이와 함께 산모의 평소 앉는 자세를 점검해 봐야 하는데, 등받이에 너무 기대어 앉는 습관은 좋지 않다. 이는 태아가 역아인 경우도 마찬가지다. 산모가 의자에 앉을 때는 몸이 앞으로 약간 기울듯이 앉는 것이 좋다. 또한 앉아 있는 시간이 30분 이상 되지 않도록 주의해야 한다. 임신 후 오래 앉아있으면 골반이 경직되기 쉽고 아기 자세가 안좋아지기도 하니까.

출산 진통 중 아기가 OP 포지션인 것을 확인했다면, 산모는 진통이 없을 때 북극곰 자세를 취하고 진통이 왔을 때 편안한 자세를 하면 된다. 북극곰 자세와 런지 자세를 번갈아 해주면 아기가 자세를 바로잡고 산도를 타고 내려오는 데 도움을 줄 수 있다. 올 초에 출산했던 산모가 LOP(좌후방 두정위; 아기가 살짝 왼쪽 배를 보고 있는 자세)여서 진통은 있는데 진행이 잘 안 됐다. 그때 북극곰 자세와 런지 자세를 번갈아 했더니 30분 만에 아기가 정상위로 돌아와 자연분만에 성공했다.

## 태아 위치를 좋게 하는 방법

아기가 OP 포지션일 때 아기를 정상위로 돌리지 못하면 출산 진행이 어려워 수술을 하게 된다. 하지만 자연분만에 성공하는 OP 포지션도 아주 드물게 있다. 예전에 호주에서 출산한 산모가 그랬다. 그 산모가 병원에 있을 때 카카오톡과 전화로 진통코칭 중이었는데 아기가 OP 포지션이라고 했다. 나는 산모에게 엎드린 자세를 취해보라고 했는데, 그 상태에서 진통이 계속 강하게 왔고 아기가 태어났다. 병원에서도 흔한 일이 아니어서 의료진이 몹시 놀랐다고.

하지만 OP 포지션인 경우는 응급 제왕절개를 하는 경우가 많다. 산모는 고통스러워하고 아기는 안 내려오는 두 가지 상황 때문이다. 산모가 힘들어하면 호흡이 잘 안 되고, 아기에게 산소 전달이 잘 안 되면 아기가 태변을 보거나 심장박동수가 떨어지는 등 여러 상황이 전개될 수 있다.

산전에는 초음파를 통해 아기가 어떤 상태로 있는지 알 수 있지만, 출산 중이라면 출산 동반자(남편 또는 둘라)가 산모를 잘 관찰해야 한다. 산모가 갑자기 극심한 허리 통증을 호소한다면 일단 OP 포지션을 의심해보고 분만실 조산사에게 아기 위치를 살펴봐 달라고 해야 한다. 그리고 정말 아기가 OP 포지션이라면 일단 산모에게 아기의 위치 때문에 허리 통증이 심하다는 것을 인지시키고, 북극곰 자세를 취하면 아기도 제자리를 잡고 통증도 나아질 것이라는 사실을 알려서 산모를 안심하게 해야 한다.

중요한 것은, OP 포지션이라고 너무 겁먹거나 미리 제왕절개를 생각할 필요는 없다는 것이다. 드물긴 하지만 OP 포지션이어도 자연분만하는 경우도 있고, 북극곰 자세를 몇 번 하는 것만으로도 아기가 제자리를 잡기도 한다. 최근 OP 포지션이 늘어나고 있다고 한다. 주로 앉아서 일하는 워킹맘들에게 빈번하다고. 아마 좌식 생활 방식에서 비롯한 습관 때문인 듯하다. 평상시 걷기를 꾸준히 하고, 의자에 너무 기대어 앉거나 허리를 뒤로 젖혀 걷지 않는 생활 습관이 중요하다. 사소한 습관들이 쌓여 분만을 더 힘들게 할 수 있고, 자연분만을 제왕절개로 바꿀 수도 있다는 걸 잊지 말자.

# 진통을 허용해주세요

임신 막달 산모들은 출산예정일이 가까워질수록 출산에 대한 기대감과 두려움을 동시에 느낀다. 그래서 일까? 가진통만 반복될 뿐 좀처럼 진진통이 오지 않아서 애를 태우는 산모들이 종종 있다.

"선생님, 밤만 되면 배가 사르르 아프다가 아침에는 또 멀쩡해요. 낮에 운동하면 배가 많이 뭉치고 아래도 빠질 것 같아서 진통이 오나 싶은데, 그때 뿐이더라고요."

잔뜩 실망한 산모에게 나는 이렇게 말해준다.

"아직 때가 안된 거에요. 가장 좋은 날에 진통이 올 거에요. 아기가 신호를 줄 테니 걱정 말고 운동하면서 좋은 컨디션 유지하세요."

빈말이 아니다. 유튜브 실방 당일까지 진통이 없다던 산모는 그날 새벽에 갑자기 진통이 와서 출산했다는 댓글이 달렸다. 아무런 출산 신호가 없자 유도분만을 결정한 산모는 유도분만 전날 기적처럼 진통이 와서 자연분만에 성공하기도 한다. 산모의 출산을 돕는 둘라 일을 하다 보면 설명되지 않은 일들이 참 많다.

# 무의식적인 '부정 편향'이 진통을 막는 것일까?

둘째 출산을 앞둔 경산모는 초산의 기억이 떠올리며 말했다.

"선생님, 저 잘할 수 있을까요? 어느 출산 후기를 보니까 딱 제 경우이더라구요. 첫째 낳을 때 진통이 와서 병원에 가는데, 차 안에서 너무 아파서 힘들었던 기억이 나요. 병원 도착해서 정말 정신없이 낳았네요."

이 산모는 자연주의 출산으로 첫째를 낳았다. 그래서 둘째 출산도 무난할 거라고 예상했는데, 가진통 단계에서 진진통으로 넘어가지 않고 진통이 소강 상태로 빠졌다. 자궁경부가 4cm 열린 상태에서 멈춰버린 진통 때문에 의료진도 나도 당황했다.

그런데 산모와 대화를 나누다 보니, 첫째 아이 출산 때 진통이 너무 빨라서 남편과 감통 자세를 취하지도 못했고, 둘라의 도움을 적극적으로 받을 수도 없었다고 했다.

이런 초산의 기억이 둘째 출산을 멈칫하게 만든 게 아닌가 싶었다. 이렇게 마음 깊이 깔린 생각과 감정을 산모 자신은 의식하지 못하지만 몸과 마음은 서로 영향을 주고 받으니까.

초산모도 마찬가지다. 다른 사람의 출산 후기를 보며 자신과 동일시하거나, 유독 부정적인 경험을 부각한다. 산모 마음에서 이런 부정 편향이 강해지면 스트레스 호르몬이 평소보다 더 많이 분비되어 출산에 영향을 미친다. 물론, 임신하고 출산하는 일은 여성의 몸과 마음에 큰 부담이고 힘겨운 일이므로 정서적으로 심하게 흔들리는 건 어쩌면 당연한 일이다.

출산에 영향을 미치는 변수들은 생각보다 꽤 복잡하고 다양해서 '모든 출산은 유니크(unique) 하다.' 라는 말이 있을 정도다. 산모의 신체적 조건이나 임신 중 증상 등이 비슷해도, 출산 진행은 산모마다 천차만별이다. 하지만 출산에 가장 영향을 많이 미치는 것은 산모의 정서 상태가 아닌가 싶다.

초산이 힘들었던 경산모든, 다른 산모의 힘들었던 출산 경험이 마음에 크게 자리잡은 초산모든, 진통이 오기 전까지 불안을 떨치기 쉽지 않다. 출산 중 일어날 수 있는 안 좋은 상황이 자신에게도 일어날지 모른다고 무의식적으로 확신하게 된다. 그런 무의식이 진통을 막는 경우도 있다. 그래서 나는 둘라로서, 출산 예정일이 다 되도록 진통이 없거나, 출산 중 진통이 사라지는 산모에게 조심스럽게 요청한다.

**"산모님, 진통이 오는 걸 허용해주세요."**

진통이 잘 오는 것만으로 자연분만을 성공할지는 확신할 수 없지만, 산모가 마음으로 진통을 받아들이는 건 중요하다. 산모가 무의식적인 저항감을 극복하고 "이제부터 진통 오는 거 허용해 볼게요!" 라고 말할 때, 거짓말 같은 일이 펼쳐진다.

마음의 변화가 신체적인 변화로 이어지기 때문이다. 가장 처음 산모의 목과 어깨가 한결 부드럽게 풀린다. 앙다물었던 턱이 열리고, 바짝 말랐던 입술이 촉촉해진다. 얼굴의 혈색이 핑크 빛으로 환하게 빛나는 듯해지고, 손과 발이 따뜻해진다. 경직된 근육들이 하나씩 풀려나간다. 마음도 몸도 진통을 허용하고 받아들이기 시작한다.

산모의 심경 변화가 신체적 변화를 불러오고, 마치 그에 호응하듯 배 속의 아기는 경쾌한 태동을 보이곤 한다. '내려놓음'이란, 바로 이런 게 아닐까. 산모는 이제 아래쪽에서 찌릿찌릿함이 느껴진다고 말하고, 스스로 자세를 바꿔가며 출산에 최적화된 동작을 알아서 하는 모습을 보인다. 그리고 마침내 산모의 몸에 파도가 일기 시작한다. 본격적인 진통, 자궁의 수축과 이완이 규칙적으로 일어나기 시작한 것이다.

진통은 그저 '아프고 힘든 것'이라고 인식하던 산모도 진통을 자연스럽게 왔다 가는 파도로 느낄 수 있다. 자궁의 수축과 이완을 제대로 경험하기 시작하면 그렇게 반가울 수가 없다. 산모는 이전에 느꼈던 진통을 '고통'에서 자연스럽고 부드러운 '파도'로 인식하기 때문에 조금씩 자신감을 얻게 된다.

이때부터 어떻게든 출산을 해야겠다는 자신감과 각오가 생겨난다. 아무리 옆에서 둘라나 남편이 산모를 정서적으로 지지하고 출산을 도와준다 해도, 진통을 허용하고 겪어 내는 건 오롯이 산모의 몫이다. 더 진행되지 않을 것 같던 출산은 다시 흐름을 타기 시작한다. 나는 이 엄청나게 어렵고 힘든 관문을 통과해 낸 산모가 너무 예쁘고 고마워서 꼭 안아주고 싶다. 하지만 우리에겐 아직 남은 과정이 있다. 진통이 규칙적으로 잘 오고 있으니, 이제 진통과 진통 사이에 찰나의 휴식을 취하는 요령만 익힐 차례다.

가진통에서 진진통으로 적응한 산모는 가장 편한 자세로 있다가, 자궁 수축이 풀리자마자 정리 호흡을 하며 턱, 어깨, 등, 허리의 힘을 풀며 충분히 이완한다. 그런 다음 할 수 있는 만큼만 심호흡을 반복하며 이완된 상태로 있으면 진통과 진통 사이 아주 **훌륭한** 휴식을 취할 수 있다. 산모 곁에서 세심하게 챙겨주는 남편이나 둘라가 있다면 좀 더 수월하게 해낼 수 있다.

## 우리에겐 충분한 '순산 에너지'가 있어요

몸이 아무리 준비된 산모라도 마음에서 진통을 허용하지 않으면 출산 진행은 요원한 일이 될 수 있다. 진통이 걸렸다가도 자꾸만 시동이 꺼지듯 출산 진행이 자꾸 멈추기도 하고, 자궁경부가 7~8cm까지 열렸는데 기나긴 소강 상태가 지속되기도 한다. 그러다가도 산모가 어렵사리 진통을 허용하겠다는 의식적인 다짐을 해낼 땐 극적인 출산 진행이 펼쳐지곤 한다.

이처럼 출산을 앞둔 산모 마음엔 역기능적으로나 순기능적으로 엄청나게 무시무시한 힘이 내장되어 있다. 나는 둘라로서 산모의 출산을 도울 때마다, 산모가 갖고 있는 마음의 힘이 좀 더 출산을 돕는 쪽으로 사용된다면 얼마나 좋을까 싶다.

비슷한 예로, 상상임신은 그저 생각일 뿐 실제 임신이 아니다. 하지만 놀랍게도 상상임신은 실제 임신과 동일한 호르몬 변화와 신체 변화를 나타낸다. 임신 테스트기에 선명한 두 줄이 생기고,

생리가 멈추며, 심지어 배와 유방이 커지고, 유즙까지 나온다고 한다. 이처럼 마음의 힘은 꽤 강하다. 출산을 앞둔 산모는 자신이 갖고 있는 마음의 힘이 얼마나 강력한지 자각하고, 이왕이면 그 힘을 순산에 보태길 바란다. 임신 막달까지 잘 견뎌온 산모라면 이미 충분한 순산 에너지를 갖고 있다. 진통을 허용하고 마음으로 기꺼이 받아들일 때, 순산 에너지는 더욱 커질 것이다.

# 5부

## *** 여전히 궁금한 출산 이야기 ***

산후, 삼시세끼 미역국 먹어야 할까?

출산 후기에는 왜 순산 스토리가 없을까?

나만 모성애가 없는 걸까?

노산 이라서 더 좋은 것들

브이백이 아니라 경산 출산 입니다만

# 산후, 삼시세끼 미역국 먹어야 할까?

'유튜브에 산후 회복 잘하는 방법 영상도 올려주세요.'라는 요청이 심심치 않게 올라온다. 인터넷에 임신과 출산에 대한 정보는 많지만, 산후 회복에 관한 것은 부족하기 때문일 것이다.

과거 가정에서 출산하던 어머니들의 출산 방식이 이젠 병원 분만으로 바뀌었지만, 산후조리 방법은 별로 달라진 게 없다. 출산하면 삼복 더위에도 내복을 입어야 하고, 미역국은 하루 세 끼 먹어야 산후 회복이 잘 된다는 믿음도 여전하다. 산후 조리를 잘못하면 평생 고생한다는 전설적인 이야기는 신념으로 굳어진지 오래다. 어떻게 산후조리를 해야 잘하는 걸까?

산후조리는 신체적인 것과 정신적인 측면 두 가지로 꼽을 수 있다. 신체적인 측면이라면 산모의 나이, 분만 형태, 영양 상태, 체력 등에 따라 달라질 수 있다. 현대의학에서는 산욕기를 6주, 한의학에서는 산욕기를 100일로 본다. 임신과 동시에 입맛이 변하고 체질이 변하는 건 호르몬 변화 때문인데, 이렇게 바뀐 체질이 본래대로 돌아오려면 6개월 정도 걸린다.

신체적인 산후 회복에 가장 필요한 것은 식단, 운동, 수면이다.

하지만 육아로 인해 질 좋은 수면이나 식단을 잘 챙기기 어렵다. 산후 운동은 일반적으로 출산 후 6주 이후부터 가볍게 시작하고 근력 운동은 출산 후 3개월 이후에 시작하는 게 좋다. 물론 어디까지나 개인 차이가 있으므로 운동의 강도는 자신의 컨디션에 맞춰 조절해야 한다. 특히 과체중 상태에서 출산한 산모 또는 임신성 당뇨가 있었던 산모라면 출산 이후에도 식단을 꾸준히 관리해야 한다.

출산 후 2주간 꿀같은 산후조리원 생활이 끝나면 그야말로 '육아 전쟁'의 시작이다. 최소 100일 동안 아기의 통잠을 기대할 수 없고, 수유로 인한 스트레스, 엄마로서 책임감과 긴장이 피로와 겹쳐 정신적인 스트레스가 심해질 수 있다. 흔히 말하는 산후우울증은 임신과 출산 과정에서 생기는 '마더 쇼크'에 해당한다.

하지만 이런 모든 것들이 자연스러운 과정임을 인식하고 받아들이면서 무엇보다 마음의 여유를 챙기는 노력이 필요하다. 다음 일곱 가지는 산후회복을 하는 데 도움이 되는 방법이다.

▲ 운동은 걷기와 짐볼 (짐볼은 틀어진 골반 교정에 좋음)
▲ 균형 잡힌 식단 관리로 자신과 아기를 위해 건강하고 맛있게!
▲ 일부러 땀내지 말고 따뜻한 체온 유지하며 뽀송뽀송하게!
▲ 부족한 수면은 수시로 쪽잠을 자며 어떻게든 채울 것!
▲ 하루 30분! 절대적으로 혼자만의 시간 갖기
▲ '모성애'보다 '자기애'를 챙길 것
▲ 아이 중심이 아닌 부부 중심의 생활을 유지

산후회복을 돕는 첫 번째 방법은 바로 운동이다. 임신 중 500 ~ 1000배까지 커진 자궁 때문에 주변 장기들은 제자리에서 밀려난다. 따라서 출산 후 장기들이 제자리를 찾고, 몸의 균형을 바로잡는 데 가장 효과적인 방법이 바로 운동이다.

요가나 필라테스를 할 수 있다면 좋겠지만, 가벼운 산책 정도의 걷기나 짐볼에 앉아 골반 돌리기 동작만으로도 도움이 된다. 산후 운동 시기는 자연분만(또는 자연주의 출산)과 제왕절개 여부에 따라 조금씩 다르지만 출산 후 너무 꼼짝없이 지내는 것보다 하루 10분씩이라도 꾸준히 걷는 편이 산후회복에 도움이 된다. 제왕절개를 한 경우에도 마찬가지다. 병원 의료진들 역시 산모가 최대한 자주 충분히 움직일수록 회복이 빠르다고 말해준다.

임신 중 '짐볼로 골반 돌리기' 운동은 회음부와 허벅지 안쪽 근육을 부드럽게 풀어줘서 치골통이나 와이존 통증을 줄여주는데, 이는 출산 이후에도 좋다. 특히 경산모들은 골반이 틀어지는 경우가 많으니 산후에 짐볼 운동을 꾸준하게 하자. 골반의 앞뒤 혹은 좌우 균형을 맞추는 데 효과가 있다. 회음부 열상으로 짐볼 운동이 힘들다면 출산 후 1~2주 지난 후부터 시작하면 된다.

산후 회복을 돕는 두 번째는 '올바른 식단 관리'이다. 예를 들어 미역국은 칼슘과 요오드 등 무기질이 풍부해서 혈액순환을 돕고 뼈를 튼튼하게 해주지만, 끼니마다 먹는 것은 오히려 영양 불균형을 초래한다. 또, 국물을 너무 많이 먹으면 염분이 많아서 위장의 기능을 저하하고 몸이 부을 수도 있다. 출산 후에도 임신 때처럼 영양소를 골고루 갖춰 규칙적으로 먹는 게 가장 이상적이다. 너무 짜고 매운 음식이나 소화에 부담스러운 음식은 피하는 게 좋다.

산후에는 변비, 골다공증, 산후우울증 등을 조심해야 한다. 식이 섬유와 단백질을 신경 써서 먹는 것이 좋다. 산후회복을 도와주는 영양제로는 비타민 B, C, D가 있으며 마그네슘도 별도로 챙겨 먹으면 좋다. 비타민 B/C/D는 몸의 피로도를 낮춰주고 근육통을 줄여줄 수 있으며, 마그네슘은 숙면과 칼슘 흡수를 돕는다.

세 번째로 적정 체온을 유지하는 것이 중요하다. 몸을 따뜻하게 하는 것은 좋지만 너무 덥게 있거나 땀나게 하는 것은 오히려 안 좋다. 땀으로 인해 체온이 떨어지면 오히려 면역이 약해지고 필요한 물질까지 몸 밖으로 배출될 수 있기 때문이다. 체온이 1도만 낮아져도 백혈구 활동이 둔화하지만, 체온이 1~2도 오르면 신진대사량은 2배 정도 증가한다. 억지로 땀을 흘리는 것은 탈수나 어지러움을 유발할 수 있으니 주의해야 한다.

여름에 샤워하더라도 따뜻한 물로 해야 체온을 유지할 수 있으며 샤워를 마친 뒤엔 물기를 잘 닦아내 몸에 한기가 드는 것을 방지해야 한다. 되도록 차가운 물이나 음식은 먹지 않는 것이 혈액순환은 물론 산후 다이어트에도 도움이 된다.

## 혼자 있는 시간 만큼은 반드시 자신에게 집중할 것

네 번째로 추천하는 산후회복 방법은 명상이다. 출산 후에는 밤에 수시로 깨기 때문에 낮에 자려고 해도 깊이 못 자거나 각성 상태가 오래 간다. 수면 부족은 짜증, 우울증, 면역력 저하 등 여러 문제를 낳을 수 있으므로 수시로 쉬고 이완하는 것이 중요하다.

명상이 생소하다면 명상 앱의 도움을 받아도 좋다. 앱을 켜고 그 지시에 따라 호흡하다 보면 어느새 마음이 진정되거나 긴장이 다소 풀리는 경험을 할 수 있을 것이다. 이렇게 하루 5~10분 정도 하다 보면 일상이 훨씬 편안해지는 것을 느낄 수 있다.

다섯 번째, 혼자 있는 시간을 확보해야 한다. 가장 어렵지만 꼭 해야 하는 미션이다. 첫 아이 낳고 처음 외출하던 때가 아직도 생생하다. '바깥 세상이 이렇게 생겼구나.' 라고 감탄하며 몇 걸음을 옮기는데 자꾸 아이의 울음소리가 들리는 것만 같았다. 고작 1시간 정도 잠깐 아이를 맡기고 나온 것임에도 마음이 쓰여서 발이 안 떨어졌다.

하지만 외출을 거듭할수록 아기가 우는 중에도 과감하게 집을 나올 수 있었는데 지금 생각해보니 그 시간이 없었다면 정말 힘들었을 것 같다. 엄마가 됐고 아기를 돌보는 것도 중요하지만 그렇게 강제적으로라도 아기와 떨어져 자기 자신에게 집중하는 시간이 꼭 필요하다.

여섯 번째, 모성애와 자기애의 공존이다. 엄마가 되고 나면 늘 자책에 시달린다. 아기가 울거나 아프거나 이유식을 잘 안 먹어도 끊임없이 '내가 뭘 잘못해서 그런가?'라고 생각한다. 이뿐만이 아니다. 문득 아기가 밉다는 생각이 들거나, 울음을 달래주기 싫거나, 아이 돌보는 일이 힘들다는 생각이 들 때, '나는 왜 모성애가 부족한가.'라는 생각에 빠진다.

하지만 모성애란 아기를 낳았다고 바로 솟구쳐 올라오는 감정이 아니다. 내 자식이지만 아기를 키워가며 점점 정이 들고 사랑에 빠지면서 생겨나는 게 당연하다. 그러니 모성애가 부족하다고 생각하지 말고 자기 자신을 가끔씩이라도 돌봐야 한다. 모성애는 자기애가 충만해야 피어날 수 있는 감정이니까.

자신이 얼마나 힘든지, 어떤 감정을 자주 느끼는지, 어떤 생각들 마음 속에 맴돌고 있는지 안다면, 그것만으로도 자신을 챙길 수 있다. 가장 좋은 방법으로 일기를 추천한다. 엄마들은 주로 육아 일기를 많이 쓰지만, 그보다 자신의 마음이 어떤지 글로 써 보길 권한다. 마음에 품고 있던 생각 감정 욕구들을 글로 쏟아내다 보면 힐링도 되고 자책도 덜어 낼 수 있다.

마지막으로 부부 중심의 생활이 중요하다고 강조하고 싶다. 출산을 참 잘했으면서도 육아 때문에 남편과 갈등을 겪는 경우가 꽤 있다. 대부분 원인은 '아빠' 역할을 너무 충실하게 하려고 하기 때문이다. '엄마'나 '아빠' 역할에 너무 매몰되기 보다 '아내'와 '남편'으로 서로 의지하며 지내려는 마음이 중요하다.

남편이 아내와 육아관이 많이 다르거나 다소 의견 차이가 있을 수 있지만, 엄마 아빠 역할에서 살짝 벗어나 둘만의 시간을 자주 갖다 보면 육아관 문제도 어렵지 않게 극복할 수 있다. 아기가 많이 어려 손이 많이 가고 지극한 관심이 필요하겠지만, 아이 중심이 아닌 부부 중심의 생활이 유지되어야 그 가족이 화목하다.

부부가 함께 아기를 돌보더라도 여전히 육아는 힘들겠지만, 수시로 서로에게 관심을 가지며 부부끼리 대화를 자주 이어가야 한다. 육아에 관한 대화 뿐만 아니라 남편과 아내로서 하는 대화도 잊지 말아야 한다. 엄마 아빠가 행복해야 육아도 행복할 수 있다. 힘든 육아 생활 와중에도 아기가 예쁘고 사랑스러워 보이려면, 반드시 부부 사이가 좋아야 하니까.

산후회복을 한다는 것은 약 40주의 임신과 출산 이후 일어나는 신체적 정신적 변화를 받아들이는 과정이다. 그러니 산모도 스스로 자신을 챙기고, 가족이나 주변의 도움을 최대한 받아 산욕기인 6주 동안 신체와 정신의 회복을 위해 노력해보자. 임신과 출산을 겪으며 이전보다 더 건강해지는 산모들도 꽤 있다.

# 출산 후기에는 왜 순산 스토리가 없을까?

임신 36주와 37주는 느낌이 다르다. 37주에 접어든 산모들은 슬슬 출산이 두려워진다. 임신 막달 산모들이 맘카페에 올리는 글 내용은 대부분 이런 것들이다.

'내일모레 유도 분만하기로 했는데 떨려서 잠이 안 와요.'
'제왕절개를 앞두고 있는데 너무 무서워요.'
'출산이 두려워서 잠을 못 자겠어요'

초산 뿐만 아니라 둘째나 셋째 출산을 앞둔 산모도 출산 예정일이 가까워질수록 잠을 설친다. 그들이 가장 두려워하는 것은 뭘까? 공통 키워드는 바로 '진통'이다. 초산은 진통이 어떤 느낌인지 몰라서 무섭다고 하지만, 경산모는 어떤 것인지 아니까 더 두렵다고 말한다.

가진통을 겪은 초산모는 진진통이 가진통보다 얼마나 더 아프냐며 묻고, 첫째 출산한 지 너무 오래돼서 진통의 기억이 흐릿하다는 경산모는 출산이 다가오니 떨린다고 한다. 하지만 이렇게 상상하는 진통과 실제 진통은 완전히 다르다. 생각보다 진통을 잘 견디면서 출산에 이르기도 하고, 가진통이 너무 아파서 수술하겠다는 산모도 생긴다.

겪어보지 않은 진통을 아무리 걱정해봐야 진통의 실체를 알 수 없다. 경험하기 전엔 모르는 것이다. 그러므로 출산 전 진통 걱정은 어느 정도 내려놓는 편이 좋다.

## 출산은 생각보다 드라마틱하지 않다

임신 막달에 갑자기 진통이 시작될까봐 걱정하는 사람들이 꽤 있다. '남편 회사 일이 바쁘니 이번 주가 아닌 다음 주에 아기를 낳고 싶다' 또는 '다음 주는 바쁘니 38주가 되는 이번 주에 낳고 싶다'는 산모도 있다. 제왕절개 날짜를 잡아 뒀는데, 그 안에 양수가 터지거나 진통이 시작될까봐 걱정하기도 한다.

나에게 식단과 운동 관리를 받았던 어느 산모는 38주에 제왕절개를 하기로 했는데, 운동하다가 그 전에 출산할까봐 두려워했다. 그의 친구들은 "37주 이후에는 수술 전에 진통이 올지도 모르니 무조건 침대에 꼼짝 말고 누워 있어"라는 말까지 했다. 어차피 수술해서 낳을 건데 왜 운동하냐며 그를 이상하게 여겼다. 마치 운동하면 당장이라도 출산하게 될지 모른다는 불안에 휩싸였던 산모는 나와 담당 의사에게 운동을 해도 되는지 수차례 확인 받고 나서야 안심했다. 근거 없는 이야기가 마치 사실인것처럼 인정되는 게 출산이다.

"운동 열심히 해서 빨리 낳읍시다."라는 의사의 말 때문일까? 많은 산모는 운동이 출산을 앞당긴다고 오해한다. 그런데 운동을 아무리 해도 늦게 나올 아기는 늦게 나오고, 산모가 꼼짝 않고 가만히 있어도 일찍 나올 아기는 일찍 나온다. 그야말로 '복불복'이다. 또, 제왕절개 전 자연진통이 오거나 조기에 양수가 터진다고 해도 최소한 수 시간의 진통을 거쳐야 출산하게 되니 너무 걱정하지 않아도 된다.

산모들이 출산을 두려워하는 또 다른 이유는 바로 '선배맘'들의 출산 후기다.

"선생님, 맘카페에는 왜 출산에 대해 안 좋은 이야기만 있을까요?"

자연주의 출산을 준비하던 한 산모가 내게 이렇게 물었다. 맘카페를 보노라면, 비슷한 글 '복사+붙여넣기'를 하는 아르바이트가 있나 싶을 정도로 무서운 출산 후기가 많다.

'진짜 죽을 뻔했다.'
'두 번 다시 출산하고 싶지 않다.'
'배 위로 기차가 지나가는 것 같았다.'
'갈비뼈가 부러질 뻔했다.'

하지만 이런 후기를 남긴 산모가 구체적으로 어떤 상황이었는지 알 수 없다. 유도분만으로 인해 강한 자궁수축으로 힘들었는지, 자궁문이 완전히 열리고 아기가 내려올 때 어떻게 푸쉬했는지, 산모 몸이 얼마나 긴장 상태에 있었는지 모른다. 뿐만 아니다.

산모가 임신 기간에 식단관리를 어떻게 했고, 체중은 얼마나 늘

없는지, 체력을 키우기 위해 운동은 얼마나 했는지 그 글을 읽는 사람은 전혀 알 수 없다. 이런 것들이 중요한 이유는 출산에 대한 경험이 산모의 신체 조건, 심리 상태, 분만 환경에 따라 얼마든지 극과 극으로 달라질 수 있기 때문이다.

## 현실적인 어려움에도 자연분만을 권하고 싶다

자연진통이 안 와서 유도분만을 하거나 수술할지도 모른다는 불안이 출산 전 산모를 무척 두렵게 만든다. 임신 막달에는 매주 병원 진료를 보는데, 그때마다 자궁문이 안 열렸다거나 아기가 너무 크다는 말을 들으면 당연히 걱정할 수밖에 없다. 출산 예정일까지 자연진통을 기다려주지 않는 산부인과도 있다.

건강보험심사평가원 보고서에 따르면 2017년 기준 초산 산모 중 제왕절개 분만 비율은 48.8%다. 아기 두 명 중 한 명은 제왕절개로 태어나는 셈이다. 심평원에서는 35세 이후에 출산하는 초산모 비율이 증가해서라고 하지만 출산 예정일 전 유도분만을 하는 비율이 늘어나서 일지도 모른다.

고위험 산모가 아니더라도 태아가 평균보다 크다는 이유, 산모의 키가 작아 속골반이 안 좋을 거라는 예측으로 유도분만을 권유 받기도 한다. 유도분만을 했던 산모들은 두 번 다시 유도하고 싶지 않다고 말한다. 유도분만 할 바엔 수술하는 게 낫다는 후기를 본 산모들은 바로 수술을 선택하고 싶어 한다.

여기엔 다양한 가정이 따른다. 출산 관련 증상이 없으니 출산 예정일까지 기다려도 자연진통이 안 올 것이라는 가정, 아기가 막달에는 더 클 거라는 가정, 초음파 측정 시 아기 몸무게가 실제 몸무게와 같을 것이라는 가정, 그리고 유도분만 100% 실패할 것이라는 가정 등이다.

분만 방식은 산모가 선택하는 것이 맞지만, 나는 산모들에게 가능하다면 자연진통을 기다리며 자연분만을 시도하라고 조언한다. 특히 초산이라면 더더욱 그랬으면 한다. 첫째를 제왕절개로 출산하면 둘째 아이를 출산할 때 자연분만을 하고 싶어도 못하는 경우가 많다. 제왕절개 후 자연분만 하는 것을 브이백 이라고 하는데, 브이백을 선택한 산모들을 보면 많이 안타깝다. 가족도 반대하고 병원에서도 그다지 반기지 않기 때문이다.

## 임신 막달 롤러코스터를 타는 호르몬 변화

임신 막달 호르몬 변화도 산모를 두렵게 한다. 임신 막달엔 다양한 증상이 나타나고 몸이 하루하루 다르다. 몸은 무겁고, 마음은 출산 생각에 걱정으로 가득한데 남편은 미덥지 못하다. 37주에 접어든 산모가 이런 말을 했다.

"남편이 미웠다가 괜찮았다가 마음이 왔다 갔다 해요."

몸은 붓고, 잠도 잘 못 자고, 호르몬은 더욱 불안정해진다. 이런 호르몬 때문인지 몸도 기분도 아침과 저녁이 다르다. 이럴 때 산모에게 필요한 것은 고민과 걱정을 나눌 '사람'이다.

우리 마음이 어떤 것을 두려워할 때 실제로 원하는 것보다 원치 않는 상황에 직면할 확률이 크다. 심리학에선 이를 '자기 충족적 예언'이라고 하는데, 원치 않는 상황에 계속 집중하는 만큼 그쪽으로 에너지가 자꾸 모이기 때문이다. 그러므로 자신이 두려워하는 것 대신 진정으로 원하는 것을 계속 상상하는 게 도움이 된다. 자연진통이 오고, 호흡으로 진통을 잘 넘기고, 만출기 호흡을 잘해서 회음부 손상 없이 잘 낳아, 산후에 걷거나 앉는 것이 편안한 상상 말이다.

또, 누군가에게 걱정을 털어놓는 게 도움이 되는데, 일단 친정 어머니는 피하라. 대부분의 친정 어머니는 딸의 출산을 무척 걱정하므로 역효과가 날 수 있다. 자신의 출산 방식을 지지해주고, 지적/평가/충고 대신 자신의 이야기를 조용히 경청하면서 긍정적인 영향을 주는 사람을 떠올려보자. 지인 중에 마땅한 사람이 없다면 둘라에게 자신의 불안을 이야기해보자. 자신이 느끼는 불안한 상황이 실제 일어날 확률이 얼마나 적은지, 그 불안을 어떻게 대처하면 되는지 둘라는 알고 있다.

글로 풀어보는 것도 좋다. 자신이 가장 걱정하는 것들을 잔뜩 쏟아낸 후 자신이 생각하는 이상적인 출산과 감정들을 종이에 담아보자. 끝으로, 출산할 때 남편에게 도움을 받을 수 있도록 '남편 교육'을 시키자. 진통이 올 때 남편이 해주면 좋은 것들, 분만 호흡과 감통 자세들이 실질적인 도움이 될 것이다. 출산은 산모 혼자의 일이 아니라 부부의 일이 되어야 하니까.

# 나만 모성애가 없는 걸까?

직장 다니는 워킹맘들은 임신을 아는 순간 희비가 엇갈린다. 자신의 배 속에 작은 생명이 자라고 있다는 신비감과 고마움을 느끼는 것과 동시에, '경단녀'가 될지도 모른다는 불안감도 함께 밀려온다.

바쁘게 돌아가는 일상을 하루하루 살다 보면 어느덧 임신 막달이 되고 출산휴가를 낼 즈음이 돼서야 비로소 출산을 실감하게 된다. 엄마가 되면 이전의 삶으로 돌아갈 수 없을 것 같고, 출산에 대한 두려움이 한꺼번에 밀려오기도 한다.

"직장에 다니다 보니 벌써 임신 9개월이 됐어요. 회사 일이 바빠서 태교도 잘 못하고, 임신 기간에 대충 먹고 외식도 자주 하고 그랬어요. 지금까지 아기한테 신경을 못 쓴 거 같아서 너무 미안해요."

내게 막달코칭을 받는 산모들이 종종 하는 말이다. 일하느라 뱃속의 아기도 제대로 못 챙겼고 출산 준비도 못해서 이제부터라도 열심히 하려고 한다고. 다른 산모들은 임신 초기부터 태교에 신경쓰며 음식도 가려 먹고 순산 운동도 꾸준히 하며 출산 용품을 준비한다고 생각한다.

자신에겐 '모성애'가 없는 것 같다며, 자신을 '나쁜 엄마'라 여기면서 괜한 죄책감에 시달리는 산모들도 많다. 하지만 임신했다고 다들 태교 열심히 하거나 아기에 대한 사랑이 지극하진 않다.

특히, 계획 임신이 아니거나 입덧이 너무 심한 경우 뱃속에 있는 아기를 미워하기도 하고, 출산할 때 체력적으로나 정신적인 소모가 너무 크면 임신 자체가 후회스럽기도 하다. 그것 또한 자연스러운 감정이다.

## 모성애, 너는 대체 정체가 뭐냐?

그런데 이즈음에서 몇 가지 의문이 생긴다. 임신하면, 엄마가 되면 모성애가 자연스럽게 생기는 걸까? 아직 얼굴도 못 본 아기가 막 사랑스러운 게 당연한 걸까? 아기를 만날 생각에 설레는 마음보다 출산이 너무 무서운 마음이 크다면 모성애가 부족한 걸까?

모성애가 어떤 의미인지 누구나 인정할만한 정의는 없지만, "모성애가 있으면 좋은 엄마, 모성애가 없으면 나쁜 엄마"라는 이분법적 논리에는 많은 사람들이 암묵적으로 동의한다. 하지만 처음부터 엄마인 사람은 없다. 아기를 임신하고 출산하면서 엄마가 되고, 아기를 키우면서 모성애도 자라나는 것이다.

모성애는, 우리가 누군가를 만나 연애를 할 때 첫눈에 반하는 경우보다, 보면 볼수록 그 사람을 알아가면서 빠져드는 것과 비슷하다. 연애하며 다투기도 하고, 서로를 배워가면서, 전혀 몰랐던 상대방의 숨은 장단점을 알아가듯 엄마가 되는 것도 그렇다.

물론 설레는 마음으로 출산을 기다리며 뱃속의 아기와 남다른 유대감을 보이는 경우 또한 있는 것도 사실이다. 그와 더불어 아기가 태어난 이후에야 비로소 조금씩 친밀감을 느끼기 시작하는 경우도 많다.

특히 자기 중심적인 성향이나 일 중심적인 성향이 강한 편이라면, 자기 배 아파서 낳았다 하더라도 아기와 깊은 유대감을 갖기가 꽤 어려울 수 있다. 제왕절개로 출산한 엄마는 자신이 낳은 아기가 낯설고, 심지어 남의 자식처럼 느껴지는 경우도 있다.

출산이 너무 힘들었다면 아기를 예뻐 할 마음의 여유가 생기지 않을 것이다. 반면 모성애가 풍부해 보이는 임산부의 경우는 관계 중심적인 성향이 강한 편이어서 그럴 수 있다.

## 우린 언제부터 '모성애' 때문에 자책하기 시작했을까?

뮌헨대학교에서 사회학, 심리학, 철학을 전공한 엘리자베스 벡게른스하임은 「모성애의 발명」이란 책에서 충분히 납득할 만한 객관적인 사실을 내놓았다.

동서양을 불문하고 대략 1만 년 전부터 농경사회가 형성되기 시작한 이후, '자녀'는 곧 '노동력'의 개념으로 인식돼왔다. 우리 조부모 세대까지만 해도 아이를 낳고 기를 때, 먹이고 입히는 정도에 그치는 아주 최소한의 양육 행위 정도면 충분했다.

즉, '모성애'라는 개념은 근대 이후 생겨나기 시작해서 최근 들어서야 엄마들에게 심리적 부담을 안겨주는, 개념이 됐다는 것이다. 「만들어진 모성」의 저자 엘리자베스 바댕테르 역시, 모성애는 본능이 아니라 근대가 발명한 역사적 산물이라고 주장하고 있다.

한편으론 모성애 문제로 유럽의 엄마들도 얼마나 스트레스를 받고 있으면 이런 책들이 나와서 세상의 엄마들을 달래주고 있을까 싶은 생각이 든다.

사실 결혼·임신·출산을 오롯이 겪어낸 여성이라면, 굳이 모성의 사회사 같은 어려운 얘기가 아니더라도, 모성애라는 것이 꽤 인위적인 개념이라는 걸 자연스럽게 알게 된다고 생각한다.

임신 기간 내내 여성의 몸과 마음에선 감당하기 어려울 만큼 너무 다양한 변화들이 일어난다. 출산이라는 큰 산을 넘고 나면 밤낮 없이 갓 태어난 아기를 챙기느라 잠 한 숨 제대로 못 자고 점점 피폐해져 가는 심신에 아무 생각 없어지기 마련이다.

이런 와중에 모성애 운운하는 건 너무 가혹한 처사임을 누구나 뼈저리게 느낄 테지만, 아무도 이런 걸 함부로 입밖에 내뱉지도 못한다. 이런 얘기를 하면 마치 누군가 "다들 그렇게 살아, 너만 애 낳고 사니? 뭘 그리 유별나게 굴어?"라는 잔인한 핀잔을 줄 것만 같기에, 모두들 그냥 함구하고 사는 것이 아닐까 싶다.

쉽지 않은 일이겠지만, 엄마가 되면 아이에 대한 친밀감과 유대감이 밑도 끝도 없이 자동으로 생길 거라는 사회적 믿음에 세상의 엄마들이 더 이상 주눅 들지 않으면 좋겠다.

자녀를 둘 이상 키우는 집이라면, 더 마음이 가고 더 친한 아이가 있고 상대적으로 덜한 아이가 있어서 스스로도 당혹스러운 경우가 많을 것이라 생각한다. 이게 지극히 자연스러운 일이라는 걸 알면 괜한 자책도 좀 줄어들지 않을까?

그리고 자신의 성향이 어떠하든 당당하게 살아가기로 마음 먹고 자기 자신을 먼저 챙기며 사랑하게 된다면, 자존감이 좀 더 높아지면서 그만큼 마음의 여유가 생겨 아이와 조금이라도 더 친해질 수 있을 것이라 생각한다.

어차피 우리가 궁극적으로 추구하는 바는, 새 식구가 된 아이와 함께 행복하게 지내는 것이다. 그러기 위해 현실적으로 가능한 방법부터 하나씩 차근차근 실천해 나가는 것이 바람직하지 않을까 싶다.

# 노산이라서 더 좋은 것들

예능 프로그램 '놀면 뭐하니?'에 출연한 가수 이효리는 임신을 계획 중이라 했다. 2022년 올해로 42세인 이효리가 임신한다면 노산에 해당한다. 노산의 기준은 출산이 아닌 임신 기준으로, 산모 나이 만 35세 이후를 의미한다. 내게 서비스를 신청하는 산모들은 절반 이상이 노산이다. 20대 출산은 매해 줄어드는 반면, 30~40대 임신은 계속 늘어나는 추세다.

로지아출산연구소에 출산교육, 산전관리, 막달코칭을 신청하는 산모를 모두 통틀어봐도 20대 산모는 거의 없다. 30대가 대부분이고, 40대 초반 산모도 열 명에 한 두 명은 된다. 노산인 산모들은 자신이 나이가 많아서 걱정이라고 한다. 하지만 노산이면 임신도 출산도 힘들 거라는 일반적인 생각과 달리, 임신과 출산은 산모의 체질이나 체력 등의 개인 차이가 더 크게 작용하는 게 아닌가 싶다.

노산의 기준이 만 35세 이상인 이유는 자궁의 노화가 만 35세부터 시작되고, 노화로 인해 나오는 호르몬이 태아 기형이나 유산 위험을 크게 만들기 때문이다. 하지만 이 내용은 절대적인 것이 아니라 상대적인 거라고 이해해야 한다. '무조건 노산은 위험하다'

가 아니다. 같은 나이라고 해도 신체적인 나이나 노화의 진행 정도는 사람마다 다르니까. 영국은 우리나라와 달리 노산의 기준을 만 40세로 본다. 우리나라에서 노산 취급을 받던 만 35세~39세 산모가 영국에 가면 '노산'이라는 꼬리표를 뗄 수 있다. 그만큼 과거에 비해 영양이나 건강 상태가 좋아졌다는 걸 반증하는 것은 아닐까?

나는 산모들에게 노산이라서 무조건 위험할 거라고 걱정하는 대신, 임신 전부터 영양제나 식단에 신경 써서 건강한 몸을 만드는 게 중요하다고 말해준다. 산모의 건강은 매우 중요하다. 임신 중 아기에게 직접적인 영향을 끼칠 뿐만 아니라, 산모가 큰 이슈 없이 임신 기간을 잘 보내고 순산하는 것과 산후 회복을 잘하는 것까지 밀접한 연관이 있다. 그럼 지금부터 임신 전 몸 만들기에 필요한 다섯 가지에 대해 알아보자.

## 장 환경은 몸 건강을 보여주는 첫 번째!

첫 번째는 바로 장 환경을 건강하게 만드는 것이다. 장 건강을 좋게 하는 방법은 세 가지다. 음식을 골고루 먹고, 끼니마다 식이섬유를 먹으려고 애쓰고, 규칙적으로 식사하는 것이다.

좋은 음식을 먹기보다 안좋은 음식을 먹고 있지 않은지 식단에서 제외시켜야 하는 음식이 있는지 체크해봐야 한다. 현재 식단이 흰 밀가루와 같은 단당류에 치우쳐 있지 않은지, 인스턴트 식품이나 트랜스 지방이 들어간 음식을 너무 자주 먹지 않는지부터 확인해

보면 된다. 균형 잡힌 식단으로 잘 먹고 있다면 속도 편하고, 배변도 원활할 것이다. 간혹 유산균을 챙겨먹는 것만으로 장 건강이 잘 유지될 거라고 착각하지만 음식이 먼저다. 식단은 엉망인데 유산균만 먹는다고 해서 장이 건강해지지 않는다.

야채는 데치거나 삶는 대신 깨끗하게 세척해 가급적 생으로 먹는게 좋다. 샐러드를 먹을 때 가급적 홈메이드 소스와 먹고, 샐러드소스는 서너 가지를 바꿔가며 먹어야 질리지 않는다. 하지만 만약 소화가 잘 안되거나 샐러드가 거북하다면 생 야채보다 살짝 데치거나 볶아서 나물로 먹으면 된다.

반찬은 식이섬유와 미네랄이 풍부한 해조류와 버섯류를 먹고, 간식으로 견과류나 프로틴 음료를 챙겨먹는 습관을 들여보자. 식후 과일이나 마카롱과 같이 당이 높은 음식 대신 견과류나 프로틴 음료를 챙겨 먹으면 포만감도 오래 가고 단백질과 지방을 섭취할 수 있어서 영양 균형도 맞추기 쉽다.

어떤 식단으로 먹든 간에 야채, 해조류, 버섯을 꾸준하게 챙겨 먹으면 장은 건강해질 수 밖에 없다. 장이 건강하면 신진대사도 원활해져서 부종도 줄어들고 호르몬도 안정적으로 바껴서 좋은 컨디션을 유지할 수 있다.

두 번째는 올바른 영양제 섭취다. 보통 임신을 준비하기 전에 엽산을 챙겨 먹는데, 엽산 외에도 비타민C나 마그네슘도 함께 챙기는 게 좋다. 엽산을 먹으면 태아 신경관 결손 등 중추신경계에 발

생할 수 있는 여러 기형을 막을 수 있다. 그런데 엽산은 비타민B$_9$이니 비타민B군이 골고루 포함된 제품을 먹어도 된다.

보통 임신 후에 멀티비타민이나 종합비타민을 챙겨 먹는데, 임신 전부터 몸을 만드는 게 중요하다. 특히 비타민B군 같은 경우는 세포 형성이나 혈액 순환, 단백질 흡수 등 중요한 역할들을 많이 한다.

비타민C는 수용성이라서 과잉 섭취 하면 소변으로 빠져나가지만, 대신 매일 섭취해주는 게 중요하다. 비타민C의 대표적인 효능은 항산화 기능인데, 염증을 줄여주고 피로 회복을 도와준다. 노화의 주범인 활성산소를 제거해주고, 백혈구 보호 등 면역을 높이는 데 중요한 역할을 한다.

마그네슘은 저녁 식사 후에 먹으면 되는데, 약이 아니라 건강기능식품이다. 요즘 산모 열 명 중 한 명 꼴로 임신성 당뇨에 걸리는데, 마그네슘은 당뇨 예방에 도움이 된다. 특히 혈액을 깨끗하게 해주고 혈압도 낮추고, 혈액 내에 돌아다니는 칼슘 흡수 뿐만 아니라 숙면도 도와준다. 임신을 준비하고 있다면 아침에 유산균과 비타민B, 비타민C를 섭취하고, 저녁식사 후 마그네슘을 먹도록 하자.

## 임신 준비를 위한 몸 만들기 시작은 수면부터!

세 번째는 잠자는 습관이다. 잠과 호르몬은 직결되어 있기 때문에 숙면이 매우 중요하다. 만약 수면 장애가 있거나 불면증이 있다면 평소에 명상 등을 통해 몸의 긴장을 수시로 풀어주면 도움이 된다.

또 수면 시간도 중요한데, 하루 6시간 이하로 자는 사람은 하루 7~8시간 자는 사람에 비해 혈당 수치가 높아질 위험이 4.5배로 증가한다. 예를 들어 하루 7시간을 자더라도 자정부터 아침 7시까지 자는 것과 새벽 2시부터 아침 9시까지 자는 것은 수면의 질이 다르다. 되도록 자정 이전에 잘 수 있도록 수면시간을 조정해보자.

네 번째는 적절한 운동이다. "선생님, 임신 전에 어떤 운동을 하면 좋죠?"라는 질문을 많이 받는다. 임신 전은 임신 후보다 제약 사항이 적어서 할 수 있는 운동이 많은데, 개인 체력 조건에 맞게 운동을 시작하는 게 좋다.

임신 전에 운동을 전혀 안 했던 사람이 임신 후에 운동 습관을 들이기는 쉽지 않기 때문에, 습관 차원에서라도 운동을 하는게 좋다. 임신을 하면 안정기인 임신 16주까지는 산책이나 스트레칭 정도밖에 못하므로 그 전에 근력을 키우거나 폐활량을 좋게 하는 운동을 하면 좋다.

## 임산부 요가 외에도 필라테스, 수영으로 체력 만들기

내가 산전 산후에 주로 권하는 운동은 필라테스다. 반동이 없고, 다양한 신체 부위의 근력을 키울 수 있기 때문이다. 특히 출산 경험이 있는 경산모는 좌우 골반이 틀어져 있는 경우가 많으니 필라테스가 도움이 될 것이다.

과체중이라면 관절에 무리가 가지 않는 수영을 권한다. 물속에서 하는 운동은 지상에서 하는 운동의 몇 배 효과가 있고, 근육이나 인대에 무리가 가지 않아서 할 수만 있다면 출산하기 전까지 계속하면 좋다. 운동의 강도나 양은 본인의 BMI지수, 기초 대사량이 높고 낮음, 근육량, 평소 운동량을 참고해서 조절하면 된다. 만약 허리가 안 좋거나 골반이 틀어져 있다면 운동을 시작하기 전에 강사에게 문의하는 게 좋다.

다섯 번째는 카페인을 줄이는 것이다. 요즘은 아침밥 대신 커피한 잔으로 잠을 깨우는 사람들이 많다. 커피 없는 하루는 상상도할 수 없다고 할 정도로 카페인에 의존하며 살고 있다.

일반적으로 임산부 일일 카페인 섭취를 200mg 미만으로 제한하면 괜찮다고 하지만, 최근 미국 국립보건원(NIH)에 따르면 카페인은 양에 상관없이 유산 위험을 높일 수 있다고 한다. 임신 중 카페인 섭취는 태반 혈류량을 제한해 태아의 성장에 영향을 줄 수 있고, 카페인 분해 능력도 떨어져서 일반인에 비해 몇배 더 긴 각성 효과가 나타날 수 있으니 조심해야 한다. 임신 초기에 졸음은 쏟아지고 몸이 나른 하니 커피가 간절할지 모른다. 하지만 유산의 위험이 있는 임신 초기 3개월은 카페인을 완전히 끊는게 좋다. 커피를 대신해서 마실 수 있는 차를 찾아보자. (가장 무난하게 먹을 수 있는 임산부에게 좋은 차로 루이보스티를 추천한다.)

## 노산! 더 건강하게 임신하고 출산하는 방법!

노산이지만 위의 것들을 잘 챙겨먹고 지킨다면 오히려 더 건강한 상태에서 임신하고 출산할 수 있다. 「늦은 임신, 더 행복한 아기」(미래의창, 2012년)의 저자 클라우디아 쉬파(Claudia Spahr)는 고령 임신의 장점을 다음과 같이 정리했다.

▲더 건강한 아기를 낳는다. ▲임신에 대비해 철저한 건강관리를 한다. ▲감정 조절 능력이 뛰어나다. ▲모유수유를 더 많이 한다. ▲산후우울증을 더 적게 겪는다. ▲아이들과 더 많은 시간을 보낸다. ▲양육을 위한 제정 상태가 여유롭다. ▲아이들의 지능이 높다. ▲고령임산부가 더 오래 산다.

어느 42세 초산 산모는 내가 알려준 방법대로 집에서 가진통을 잘 견디고 병원에 간 지 4시간 만에 순산했다. 그리고 13년 만에 생긴 둘째를 자연주의 출산으로 낳은 43세 산모도 있었다.

노산모들은 병원에서 고위험군으로 분류되지만 이들은 각별히 본인의 건강에 신경을 쓴다. 내가 알려주는 식단도 잘 챙겨먹고, 운동도 부지런히 한다. 마지막 임신이라는 생각으로 최선을 다한다. 뭐든 관리하기 나름이다. 지금 임신 준비를 하고 있는 예비맘들, 특히 노산이라면 이 글 보시고 용기 내어 꼭 임신에 성공하시면 좋겠다.

# 브이백이 아니라 '경산 출산' 입니다만

자연분만 하고 싶은 산모들 중에서도 가장 절실한 경우는 브이백 (VBAC, Vaginal Birth After Cesarean section) 산모가 아닐까 싶다. 브이백이란, 이전 출산을 제왕절개로 하고 다음 출산을 자연분만으로 출산하는 것을 의미한다.

제왕절개 수술 이후 일정 시간이 지나고 임신 막달까지 별 탈 없이 잘 지내서 브이백 조건이 된다고 해도 성공 여부는 또 별개다. 우선 자연진통이 잘 와야 하고, 산모가 진통을 잘 넘길 수 있도록 순산 운동이나 이완, 호흡 연습을 잘 해둬야 한다.

하지만 대부분의 브이백 산모들은 임신 막달을 힘들어한다. 브이백을 실패할지도 모른다는 우려와 브이백 시도가 산모 자신이나 아기에게 위험할까봐, 자신이 진통을 잘 견디지 못하고 수술해 달라고 할까봐 걱정한다. 얼마 전 브이백에 성공한 세 명의 산모도 그랬다. 출산이 끝나기 전까지 브이백 성공 여부는 아무도 장담할 수 없다.

독일에서 브이백을 시도하던 산모는 힘 주기를 할 때마다 출혈이 있어서 태반 조기박리나 수술 부위 파열을 의심했다고 한다. 의사가 아기 머리에서 채취한 혈액으로 검사했을 때 pH가 7.3이어서 안심하고 마지막에 힘 주기를 잘해서 출산했다.

가진통이 길어서 일찍 출산할 줄 알았던 브이백 산모는 출산 예정일 전날 조기양수파수 이후 자연진통으로 출산할 수 있었다. 유도분만으로 브이백을 시도하던 산모는 촉진제로 진통이 걸리진 않았지만 3일째 되던 날 자연진통으로 4시간만에 출산할 수 있었다.

## 브이백이라고 특별하지 않은 이유

임신 막달 브이백 산모들은 병원 진료를 보고 온 날 더 힘들어한다. 담당 주치의 한 마디에 좌절하거나 우울해 하기도 하고, 자연진통이 생기지 않아 초조해하기도 한다.

브이백이 아닌 산모들도 임신 막달에는 조바심이 난다. 괜찮다는 생각보다 출산 진행이 본인의 생각대로 잘 안 될지도 모른다는 생각과 조바심이 불안을 부추긴다. 더군다나 브이백 산모는 병원에서 브이백이 위험하다는 이야기를 반복적으로 듣다 보니 심리적인 압박감이 크다.

하지만 브이백 산모라고 해서 출산이 특별하지 않다. 나는 브이백 산모들에게 이렇게 말해준다. 이전 출산을 어떤 이유로 수술을 했든 간에 경산(經産)이라고 생각하면 된다고. 노산이라서, 산모의 속골반이 안 좋아서, 아기가 주수보다 커서 난산이 될 거라는 예상은 맞을 때도 있지만 빗나갈 때도 많다.

브이백 산모 역시 다른 산모들처럼 출산을 진행하다가 의료적으로 위험한 상황(예를 들어, 비정상적인 출혈이나 아기 심박수 저하 등)이라면 수술을 해야 하는 것이다.

브이백이 너무 위험하다고 생각할 필요도 없고, 꼭 브이백에 성공해야겠다고 집착할 필요도 없다. 산모가 순산을 위해 준비할 수 있는 것들만 하고 나머지는 내려놓아야 한다.

## 브이백 성공률을 높이기 위한 네 가지

브이백을 원한다면 정확한 출산 정보와 그에 따른 선택이 중요하다. 다음의 네 가지를 살펴보자.

첫째, 분만 방식을 먼저 결정해야 한다. 자연주의 출산과 자연분만의 차이를 이해하고 선택하면 된다. 산모가 브이백이 가능한 조건이라면 자연주의 출산이든 자연분만이든 모두 가능한데, 자연주의 출산을 하려면 자연주의 출산 전문 병원 또는 조산원에서 가능하다. 브이백 산모에게 출산 환경은 매우 중요하다. 산모가 진통하면서 정서적으로 안정되고, 첫째 출산 트라우마를 어느 정도 극복하는 게 중요하기 때문이다.

자연주의 출산 전문병원에서 출산할 경우 일반 분만 방식에 비해 비용이 많이 들지만, 산모 입장에서 좀 더 편안하게 진통할 수 있다. 첫째 아이가 있으므로 둘라를 고용할지도 고려해봐야 한다. 만약 출산 방식을 자연분만으로 정했다면 출산할 병원을 정해야 한다. 브이백을 잘한다고 홍보하는 병원은 많은데, 실제 브이백 성공 사례가 많은지 산모들의 후기를 꼼꼼히 찾아봐야 한다.

둘째, 병원을 선택했다면 브이백 분만 시스템에 대해 알아봐야 한다. 브이백이라서 출산예정일까지 기다려주지 않고 그 전에 유도분만을 시행하는지, 임신 몇 주까지 자연진통을 기다려주는지 등을 미리 상담하는 게 좋다. 임신 막달에 병원에서 제시하는 분만 방식이 산모가 예상했던 부분과 달라서 당황하는 경우도 많기 때문이다.

셋째, 산모의 심리적인 안정이 중요하다. 출산에 영향을 가장 크게 미치는 것은 아무래도 산모의 심리상태가 아닌가 싶다. 출산 진행이 원활하지 않을 때마다 나는 산모와 이야기를 나눈다. 좀 더 깊이 있는 대화를 시도해보면 산모가 겪고 싶지 않은 상황이 무엇인지, 혹은 무의식적으로 거부하는 무언가를 찾아내기도 한다.

유도분만 2일차에도 진통이 오지 않았던 브이백 산모와 한참 이야기를 나눴는데, 그가 유도분만에 대한 거부감이 있다는 걸 알았다. 나는 산모와 긴 상담 끝에 이제 결정을 해야한다고 말했다. 산모에게 유도분만 성공, 자연진통 또는 수술, 이 세 가지 중 하나를 선택해야 한다고 말했고, 그 가능성을 산모 스스로 열길 바랐다. 통했을까? 다음날 거짓말처럼 자연진통이 걸렸고, 절대 반응할 것 같지 않던 자궁경부는 4cm 이후 빠르게 열렸다.

넷째, 산전관리는 필수다. 브이백 뿐만 아니라 모든 산모에게 산전관리는 선택이 아니라 필수다. 산모가 임신 막달까지 갑작스런 체중 증가가 없고 양수량도 적절하고 아기 크기도 너무 크지 않도록 관리하는 편이 좋다. 아기가 너무 커지거나 작지 않도록 식단 관리를 잘해야 한다.

## "브이백을 하다니 꿈만 같아요!"

브이백에 성공한 어느 산모는 꿈을 꾸는 것 같다고 한다. 너무 기뻐서 눈물을 흘리기도 한다. 임신 10개월 동안 브이백 생각만 하며 보냈다는 산모도 있다. 출산하는 날까지 코칭을 받는 산모들은 몇 번이고 내게 고맙다고 한다. 그들의 고민을 함께 나눠준 덕분에 행복은 몇 배가 되어 돌아온다. 안타깝게도 다른 사람들은 잘 이해하지 못한다. 그들이 왜 그렇게 자연분만을 원하는지. 브이백 산모들의 이전 출산 이야기는 매우 다양하다. 어떤 상황이었든 간에 수술은 그들이 원하는 출산 방식이 아니었고 다시 겪고 싶지 않은 일이다. 남편에 대한 원망, 임신 기간을 잘못 보냈다는 자책, 출산에 대해 너무 몰랐다는 후회 등이 뒤섞여 있다.

임신 막달에 들어선 브이백 산모에게 한결같이 당부하는 말이 있다. 최악의 시나리오가 수술이라면 이번 출산도 수술할 수 있다고 생각하라고. 그렇지 않으면 수술을 피하고 싶은 마음이 너무 커져버려서 두려움이나 불안감 역시 계속 커질 거라고 예고를 한다.

그들이 브이백을 선택할 때 가족을 포함한 많은 사람들은 응원보다 걱정과 불안을 보낸다. 하지만 산모가 꼭 원한다면 함께 진통을 기다려주고 지지해 줬으면 싶다.

# 에필로그

## 세상의 모든 엄마들을 응원합니다!

이 책을 읽고 난 후, 여러분은 출산에 대한 생각이 바뀌었나요? 30대 초반까지 저는 출산이 끔찍한 일인 줄로만 알았습니다. 친정 엄마가 저를 낳을 때 너무 힘들었다고 하셨거든요. 대학병원 인턴들이 수시로 와서 내진을 하고 갔고, 기진맥진해서 하늘이 노랗게 될 때 즈음 어렵게 출산했다고 하셨어요. 그래서 제가 무통주사도 없이 첫 아이를 자연주의 방식으로 낳겠다고 했을 때 무조건 큰 병원에서 낳아야 한다며 무지 반대하셨어요.

하지만 제가 겪은 출산은 그렇지 않았어요. 힘들었지만 호흡만 잘하면 한 고비 한 고비를 넘길 수 있다는 걸 몸소 체험하고, 저 같은 저질 체력의 노산모도 충분히 잘 낳을 수 있다는 자신감이 들었어요. 다시는 기억하고 싶지 않은 출산이 아니라 다시 없을 출산에 대한 소중한 추억입니다. 저는 지금도 첫째 때 진통하던 저의 출산 영상을 보며 눈물을 흘립니다. 아이가 말을 잘 안 듣거나 속 썩일 때마다 정말 큰 위안이 됩니다.

이 책에 다 담지 못한 내용들이 여전히 많습니다. 여러분에게 해

드릴 이야기가 아직 가득하네요. 우리 또 만나요. 로지아 유튜브 채널 라이브 방송에서도, 로지아 블로그에서도, 로지아출산연구소 카카오톡도 언제나 열려 있습니다. 여러분 중 임신 막달 관리와 출산에 관한 내용이 궁금하신 분들은 "임신막달 코칭노트"를 구매해서 보세요. 이 책 이후에 개정판이 나올 예정입니다.

마치는 글은 2021년 연말에 스웨덴에서 임신막달 코칭을 받고 출산한 슈베맘의 메세지로 갈음하겠습니다.

---

**"선생님 안녕하세요."**

출산하고 감사하단 말씀도 제대로 못 드리고 이제서야 연락을 드리네요. 애 낳고 육체적으로나 정신적으로 너무 너덜너덜해져서 정신이 없었어요. 약 3주간 '호르몬 + 만신창이 몸 + 모유수유' 때문에 매일매일 울었네요.

약 2주간이 피크였고, 약 한 달 정도 지나니 많이 괜찮아졌어요. 모유수유도 계속 하고 있구요. 저녁에 분유 주는 거 빼고는 전부 모유수유 중이에요.

출산 후 7주 정도 지났을 때 거의 23kg정도 빠졌더라구요. 어지간히 고생한 덕분도 있지만 제가 어지간히 살이 쪘었죠. 출산하기 전 마지막 몸무게 쟀을 때 어마어마 했었거든요.

애기는 잘 크고 있습니다. 4.1키로로 태어났는데 이제 6키로 정도

---

되었어요, 키는 벌써 11cm 이상 자랐답니다. 빨라요. 여기는 백일도 안 된 애기들을 데리고 추운 날 산책을 나가더라구요. 그래서 저도 생후 8일차부터 유모차 타고 나갔어요. 처음엔 식겁 했는데 저도 익숙해져서 출산 3주 후부턴 매일 유모차 끌고 나가서 산책 많이 했어요. 덕분에 기분 전환도 되고 회복에 도움도 되고요.

이제 약 생후 80일 정도 됐는데, 저랑 유모차 타고 시내도 나가고 백화점이나 카페도 다니고, 장도 보고 그러고 살고 있습니다.

그때 제가 경황이 없어서 제대로 감사 인사도 못 드리고 연락이 두절 된 거 같아서 늦게나마 연락 드려봅니다.

늦었지만 2022년 복 많이 받으시고 건강하세요. 출산 전 코칭 감사했습니다!